친절한
과학사전

친절한 과학 사전

기술·발명 편

전인기 지음

북 카라반
CARAVAN

"

어둑해진 저녁이었습니다. 자동차를 처음 사서 조심스럽게 운전하던 때였어요. 우회전을 하는데, 갑자기 어둠 속에서 튀어 나오듯 길을 건너는 사람을 보지 못해 하마터면 칠 뻔했습니다. 아찔한 순간이었지요.

내가 사람을 보지 못한 것은 자동차 바퀴가 먼저 돈 다음에, 자동차 몸체와 함께 라이트가 돌기 때문이었습니다. 그래서 가까이에서 길을 건너는 사람을 볼 수 없었던 것입니다. 그 뒤로 나는 자동차 바퀴와 라이트가 함께 움직이는 장치를 개발했으나 어떻게 상품화하는지를 몰라 그냥 세월을 보냈습니다.

그런데 수년 후 어떤 사람이 내가 만든 것과 같은 원리로 바퀴와 라이트가 함께 도는 장치를 만들어 큰돈을 벌었다는 뉴스를 접하고 무릎을 쳤습니다. 이 일을 겪고 나서 다른 사람들은 이런 우를 범하지 않도록 해보자고 한 것이 발명 공부를 시작하게 된 계기가 되었습니다. 그로부터 발명을 가르쳐온 세월이 30여 년입니다.

발명은 이 세상에 없던 것을 만들거나 생각해 내는 것이라고 정의하고, 또 많은 선생님들이 그렇게 가르치고 있습니다. 그리고 초등학교 방학숙제를 보면 '발명품 만들어 오기'라고 기록된 방학 과제물을 볼 수 있습니다. 물론 발명의 의미 중 하나는 존재하지 않던 것을 새로 만들어내는 것에 있습니다.

그렇지만 발명의 의미를 넓게 보면, 더 많은 함의를 담고 있습니다. 발명의 초심자들에게 다짜고짜 이 세상에 없던 것을 만들어내라면 누가 그 어려운 발명을 하려 들까요? 특히 초등학생들에게 이렇게 가르친다면 발명을 하지 마라는 소리와 같을 것입니다. 그래서 나는 발명의 의미에 하나를 더 붙여서 "불편한 것을 찾아 고치는 것도 발명"이라고 설파해오고 있습니다.

이 교재에도 역시 평소 나의 발명에 대한 생각을 정리해 놓았습니다. '정의'와 '해설' 그리고 '생각거리'로 구성된 이 책은 우리나라 최초의 발명 사전입니다. '정의'에서는 용어에 대한 간명한 정의를 내리고, '해설'에서는 그 용어에 관한 내용을 자세하게 풀어 설명했습니다. 그리고 '생각거리'에서는 용어와 관련하여 재미있는 에피소드나 사례를 예로 들어 알기 쉽게 정리해 놓았습니다. 이 밖에도 발명하는 과정이나 결과를 설명표로 작성해 각종 발명대회에도 대비할 수 있도록 했습니다.

더 많은 사람들이 이 책을 통해 발명에 관심을 갖고, 우리만의 발명품을 만드는 데 도움이 되길 바랍니다. 무슨 일이든 시작만 하면 곧 절반은 성공인 셈입니다. 작은 시작이 여러분의 인생을 변화시키기를 기대합니다.

이 책이 나오도록 물심양면으로 도움을 주신 분들에게 감사드립니다.

지은이 **전인기**

친절한
과학사전

—

기술발명

강제 결합법	9
결점 열거법	14
고든 법	19
구멍 뚫기 발명	23
구상도	27
기술	29
기호	32
나사	34
남의 아이디어를 활용한 발명	38
더하기 발명	41
등각투상도	46
디자인	49
마케팅	53
명세서	58
모양 바꾸기 발명	62
물리적 모순	65
반대로 생각하기	71
발견	73
발명	75
벤처기업	78
불편한 것을 고치는 발명	80
브레인라이팅	85
브레인스토밍	89
빼기 발명	94
사투상도	98
산업재산권	101
상표	104
속성 열거법	109
손익계산서	116
수렴적 사고 기법	119
스캠퍼	124
신규성	128
실용신안	131
쌍비교 분석	134

contents

아이디어 ·· 138
아이디어 착상하기 ···························· 143
역 브레인스토밍 ······························ 146
용도 바꾸기 ···································· 148
육색 사고 모자 ································ 152
자연을 이용한 발명 ·························· 158
작품설명서 ···································· 162
재료를 바꾼 발명 ···························· 164
적용 ·· 167
정투상법 ·· 169
제1각법 ·· 172
제3각법 ·· 175
제작도 ·· 178
조감도 ·· 180
창의력 ·· 182
체크리스트 법 ································ 185
초점법 ·· 191
크기 바꾸기 발명 ···························· 195
투상도법 ·· 198
투시투상도 ···································· 200
특허 ·· 202
평가행렬법 ···································· 204
폐품을 활용한 발명 ·························· 206
하이라이팅 기법 ······························ 210
형태분석법 ···································· 213
확산적 사고법 ································ 217
희망점 열거법 ································ 219
ALU 기법 ······································ 222
PMI 기법 ·· 224
SWOT 분석 ···································· 229
TRIZ ·· 231

강제 결합법

정의 강제 결합법(强制結合法, forced connection method)은 두 가지 또는 그 이상의 아이디어나 사물을 강제로 결합시켜 새로운 무엇을 창출하는 발명 기법이다.

시계 + 수박   햄 + 라면

┃강제 결합법으로 만든 발명품

해설 강제 결합법은 어떤 아이디어나 사물을 강제로 결합하는 발명 기법으로, 화이트니가 창안했다. 이 기법은 전혀 연관성이 없어 보이는 대상을 억지로 결합함으로써 발상을 전환시키는 연합사고 활동이다.

예를 들면, 서양의 햄버거와 한국의 김치가 강제로 결합되어 김치버거라는 퓨전 음식이 만들어졌고, 볼펜과 온도계가 결합되어 온도계 볼펜이 만들어졌다. 또한 보통 충전 건전지가 아니라 USB에 꽂으면 되는 건전지가 만들어졌다.

✔ 강제 결합 방법

❶ 문제를 진술한다.

❷ 문제 해결 방법과 무작위로 뽑은 사물을 연결시켜 생각해본다.

❸ 관계 지은 아이디어를 발전시키거나 실행에 옮길 수 있는지 평가해본다.

재료1: 열거하기	재료2: 열거하기	강제 결합하기(재료1+2)
계단: 밟고 다닌다. 에너지를 소모한다.	**발전기**: 에너지가 필요하다. 휴먼에너지	계단을 오르내리면서 휴먼에너지를 이용하여 발전을 한다.
화장실: 물로 씻어낸다. 냄새난다. 더럽다. 필요하다. 덥다	**자동차**: 빠르다. 시원하다. 멀리 간다. 위험하다. 바람이 분다. 덥다	물이 빠르게 내려간다. 냄새를 없애고 바람이 분다. 자동으로 온도를 조절한다.
한글: 문자. 무늬. 형태가 있다.	**의상**: 색깔. 무늬. 천	한글 무늬를 넣은 옷

강제 결합법 실습

① 큰 BOX를 준비한다.

② 큰 BOX 안에 여러 가지 사물의 이름을 쓴 쪽지를 넣어둔다.

③ 상자 안에 들어 있는 쪽지를 섞은 다음 무작위로 두 개의 쪽지를 뽑는다.

④ 뽑은 두 개의 쪽지에 적힌 사물을 강제로 결합시켜 새로운 아이디어를 만들어낸다.

다음 발명 사례는 강제 결합법으로 계단과 전기를 결합하여 만든 발명품으로, 계단을 밟고 내려가면 발전이 되도록 한 휴먼 에너지 발명품이다.

계단을 내려가며 **발전을 해요**

01_ 제작 동기

휴먼 에너지! 평소 우리는 학교, 지하철, 육교 등 수많은 계단을 오르내린다.

이 계단에 사람들이 오르내리면서 작용하는 에너지는 다른 에너지로 변환되지 못하고 그냥 소멸되고 만다.

나는 발명 반 수업에서 휴먼 에너지에 대해 배우면서 인간의 동작에 따른 무궁무진한 에너지를 변환하여 사용할 수 있다면 획기적인 에너지 혁신이 될 것이라 믿게 되었다.

더구나 에너지 자원이 크게 부족한 우리나라에 딱 어울리는 아이디어라고 생각하여 계단을 내려가는 것만으로도 발전이 되는 발전장치를 개발하게 되었다.

02_ 작품 요약

계단을 내려오는 힘을 활용하여 터빈을 돌려 발전을 하고 생산된 전기를 충전기에 저장했다가 필요할 때 사용할 수 있게 만든 것이다. 이 발명품을 많은 사람들이 이용하는 학교, 역, 지하철 계단에 설치하여 활용하면 에너지 낭비를 줄일 수 있을 뿐만 아니라 청정에너지 생산에 크게 기여할 것으로 생각한다.

03_ 작품 내용

1. 걸레, 탈수기통, 고무링, 플라스틱 막대 등을 구입한다.
2. 자전거 발전기와 라이트를 구입한다.
3. 자전거의 라이트를 탈수기통에 설치한다.
4. 고무링을 탈수기통 주변에 걸고 자전거 발전기와 거리를 맞춰 걸어준다.
5. 발전기와 라이트를 연결한다(이후 충전기에 연결한다).
6. 발전기에서 발전되는 전기는 충전기에 연결한다.
7. 계단을 만들어 계단마다 설치한다(수동식 탈곡기 형태로 설치).

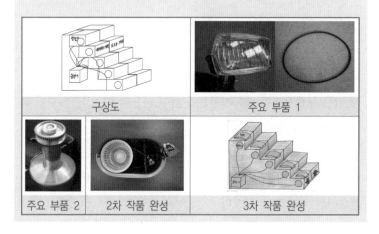

구상도	주요 부품 1
주요 부품 2	2차 작품 완성	3차 작품 완성

04_ 제작 결과

이 발명품을 만들어 보급한다면 다음과 같은 이점이 있다.

1. 일상생활 가운데 에너지를 얻을 수 있어 실용적이다.
2. 계단을 내려오면서 받는 충격을 흡수할 수 있어 안전성이 높아진다.
3. 에너지를 모으기 위해 별도로 운동을 하지 않아도 된다.
4. 공해를 유발하는 화석연료 사용을 줄일 수 있고 위험한 원자력 발전 의존도를 낮출 수 있을뿐더러 전기에너지 낭비를 줄일 수 있어 경제적이다.
5. 사용이 편리하고 안전할뿐더러 자연친화 휴먼 에너지다.

※ 기존 발전기와 본 발명품의 비교

구 분	기존 발전기	본 발명품
경제성	기존의 발전기는 화석연료를 이용하여 발전	무한한 휴먼 에너지를 이용하여 발전을 하므로 연료비를 절약할 수 있음
창의성	화력, 수력, 원자력 발전과 같이 발전에 초점을 맞춤	인간 활동 에너지를 활용하는 자연친화 제품으로 실생활에서 발생하는 에너지를 재활용한 신기술
실용성	많은 장소에서 활용	계단을 오르내릴 때 관절을 보호할 수 있도록 완충 장치를 설치하여 실용적임

결점 열거법

정의   결점 열거법(缺點列擧法, bug listing)은 결점을 찾아 개선하고 보완할 수 있는 아이디어 착상 기법이다.

해설   결점 열거법은 호로포인트(제너럴일렉트릭 자회사)에서 창안한 것으로, 토론자가 모여서 제품의 조그마한 흠까지 깨알같이 열거하면서 단점을 찾아내는 기법이다.

인간은 불완전하므로 그 인간이 만든 물건에도 결점과 문제가 있게 마련이다. 따라서 소비자는 개선 대상의 결점을 밝혀내는 것으로 더 좋은 상품을 요구하게 되고, 발명가는 그런 결점을 보완하기 위해 다각도로 문제 해결 방안을 궁리하여 더 좋은 상품으로 개선해 간다. 결점을 찾을 때는 자기 혼자 또는 몇 사람만이 겪는 특수한 불편을 찾기보다는 많은 사람이 겪는 보편적 불편을 찾아야 시장의 호응을 받는 아이디어를 얻을 수 있다.

결점 열거법은 브레인스토밍의 변형으로, 희망점 열거법과는 상반되는 기법이다.

진행 절차

| 주제 제시 | 〉 | 결점 열거하기 | 〉 | 중점 평가하기 | 〉 | 개선 방안 제시하기 |

1. 어떤 대상에 대한 결점을 찾아볼 것인지 제시하고 적어도 5개 이상의 결점을 찾아내도록 한다.
2. 찾아낸 결점들을 모아 열거한 다음 공통된 것들을 찾아내 목록을 작성한다.
3. 참가자 전원이 그 목록을 훑어보고 평가하도록 한 뒤에 투표를 실시하여 순위를 매긴다.
4. 참가자 전원의 브레인스토밍을 통해 상위의 목록부터 검토하며 해결 방안을 찾는다.

"소쿠리를 대상으로 결점을 열거해보자."

- 바닥이 불룩 튀어나와 보관이 불편하다.
- 부피가 커서 보관할 때 많은 공간을 차지한다.

- 불룩하게 튀어나온 부분을 평평하게 만들어 보관하고 사용할 때는 다시 나오게 만든다면 편리하게 사용할 것 같다.

- 바닥을 나선형으로 움직일 수 있게 만들어 소쿠리가 필요할 때는 바닥을 빼서 사용하고 보관할 때는 안으로 밀어 넣어 널빤지처럼 납작하게 만들어 보관이 쉽게 한다.

01_ 제작 동기

아빠가 일하는 작업장에서 나선형의 용수철이 소쿠리처럼 깊이 내려갔다 다시 제 위치로 돌아오면서 평평해지는 것을 보고 활용 방안을 찾게 되었다. 그러던 중 집안의 행사 때만 사용하는 커다란 소쿠리가 부피 때문에 보관이 불편한 것을 보고 이 발명품을 만들게 되었다.

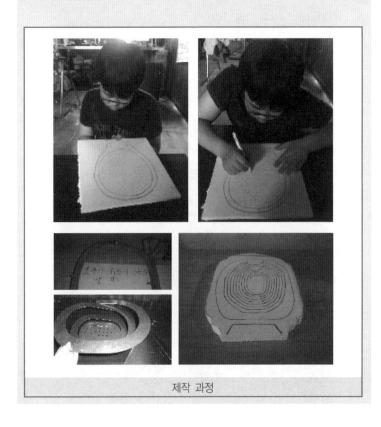

제작 과정

02_ 제작 요약

아파트는 대개 생활공간이 비좁은데 불룩 튀어나온 커다란 소쿠리는 공간을 많이 차지해 보관이 불편했다. 따라서 보관할 때는 널빤지처럼 평평하게 변신시켜(부피를 최소화하여) 좁은 공간에도 편리하게 보관할 수 있게 한 소쿠리다.

03_ 작품 내용

1. 널빤지를 가운데에서부터 나선형으로 빙글빙글 돌면서 비스듬하게 자른다.
2. 소쿠리 지지대를 제작한다.
3. 나선형으로 자른 소쿠리와 지지대를 결합한다.

04_ 제작 결과

1. 보관과 사용이 간편하다.
2. 공간이 좁은 아파트에 생활공간을 넓혀주는 효과가 있다.

1차 작품 　 2차 작품 　 3차 작품(금속)

4차 작품 　 최종 작품

완성된 작품의 활용

3. 편리하고 안전한 보관으로 소쿠리의 수명을 늘릴 수 있다.

4. 이 아이디어는 소쿠리뿐만 아니라 간식이나 장식품을 담는 그릇 등 다양한 소품에 적용할 수 있어 실용적이다.

5. 벌려진 한계점까지 지지대가 있어 튼튼하다.

6. 손잡이가 있어 이동이 편리하다.

고든 법

정의 고든 법(Gordon method)은 연구 주제를 사회자 혼자만 알고 참가자들에게는 비밀로 하면서 사회자가 자유롭게 진행을 이끌어 가는 발명 기법이다.

해설 고든 법은 윌리엄 고든(William G. Gordon)이 자신의 이름을 따서 만든 기법으로, "주제를 미리 알고 있으면 참가자가 자신의 아이디어에 섣불리 만족하여 그것에 열중해버리기 쉬워서 참신한 결과를 얻기 어렵다"는 데에 착안한 것이다.

따라서 이 기법은 사회자 외에는 아무도 주제를 모르므로 고정관념에서 완전히 탈피하여 뜻밖의 아이디어를 얻을 수 있을 뿐만 아니라 자유로운 사고와 개념의 도입이 쉬워 기발한 아이디어를 얻을 수 있는 장점이 있다.

무엇보다 회의를 진행하는 사회자의 역할이 중요하다. 사회자는 조금씩 힌트를 제공하되 회의를 재미있고 자연스럽게 진행하면 더욱 좋은 아이디어를 이끌어낼 수 있다.

회의가 끝날 때쯤에는 주제를 공개하여 각자가 상상한 것과 주제를 강제로 결합시켜 새로운 아이디어를 창출할 수 있도록 해야 한다. 고정관념에 사로잡혀 사고가 유연하지 못한 성인들의 상상력과 창의력을 한껏 자극할 수 있는 흥미로운 발명 기법이다.

고든 법의 적용 사례

번호 구분	실제 문제	고든법의 주제
1	자동차 주차	보관 장소
2	콜라 병 따기	열기
3	쓰레기통	담기
4	오토바이	운반하기
5	신형 칫솔	더러운 것 닦기
6	유리창 닦기	격리하기

진행 방법

실제 연구 주제는 비밀로 하고 사회자만 알고 있으면서 참가자들에게는 고든 법에 따른 주제만 발표한다.

1. 브레인스토밍처럼 6~7명을 한 조로 하여 진행한다.

2. 사회자는 참가자들이 즐겁고 자유로운 분위기에서 발표하도록 진행한다.

3. 회의는 2~3시간 정도로 진행하는 것이 효과적이며, 가능한 한 전문 분야가 서로 다른 사람들을 모아 진행하는 것이 더 생산적일 수 있다.

연구 주제: 새로운 주차장 건설

실제 진행

[사회자] 오늘의 주제는 보관입니다. 이 주제에 맞춰 재미있게 토론해보시기 바랍니다. 무엇을 어떻게 보관하든 그것은 참가자 여러분 저마다의 자유입니다. 자유롭게 상상하고 그것을 기록한 후 발표해주시기 바랍니다."

[참가자1] 아, 옷을 보관하는 것이군요.

[사 회 자] 네, 옷은 장롱에 보관할 수도 있고 옷걸이도 있고 벽에 걸 수도 있고……. 보관 방법이 다양하겠네요.

[참가자2] 채소를 보관하는 것일 수도 있지요?

[사 회 자] 네, 채소는 어떻게 보관하나요?

[참가자2] 냉장고에 넣어 보관할 수도 있고, 땅을 파서 보관할 수도 있지요.

[참가자3] 저는 필통 속에 필기도구를 보관할 수도 있다고 생각합니다.

[사 회 자] 그것도 좋은 방법이네요

[참가자4] 저는 병속에 화학약품을 보관해야겠습니다.

…….

…….

…….

참가자들이 보관 방법에 관해 온갖 아이디어를 제시하지만 오늘의 실제 주제인 주차장에 관한 아이디어는 좀처럼 나오지 않는다. 이때 사회자가 개입한다.

"오늘의 실제 주제는 새로운 주차장의 건설입니다. 참가자 여러분이 방금 제시한 보관 방법으로 자동차를 주차할 수 있도록 강제로 연결하여 다시 발표해주시기 바랍니다."

이런 과정을 거쳐 토론하고 수정하다 보면 주차장 건설에 관한 참신하고 창의적인 아이디어를 얻을 수 있게 된다.

다음 표는 문제 해결을 고든 법으로 진행한 결과의 사례다.

문제 해결

조원	진행 과정		
	주제 생각	해결 방안	자동차 주차장과 연결
민철	채소	땅속에 보관하기	지하 주차장 건설
철수	모자	벽에 걸어 두기	벽걸이 주차장 건설
창혁	고기	냉장고에 넣어두기	이동식 주차장
유노	학용품	필통 속에 넣어두기	이동식 주차장
주영	책	책꽂이에 꽂아두기	이동식 주차장
성진	내복	서랍장에 넣어두기	타워형 주차장
연숙	곡식	창고에 넣어두기	창고형 주차장

창고형 주차장	타워형 주차장

구멍 뚫기 발명

5

정의 물건의 필요한 곳에 구멍을 뚫어 재료를 절약하거나 기능이나 효용을 개선하는 발명 기법이다.

해설

✅ **구멍 뚫기의 효용**

① 기능을 향상시킬 수 있다.

② 재료를 절약할 수 있다.

③ 충격을 흡수할 수 있다.

④ 쉽게 자를 수 있다.

⑤ 가볍게 만들 수 있다.

┃구멍이 뚫려있는 칼

✅ 구멍 뚫기로 만든 발명품

* 우표 :

  자르는 선을 만들어 우표를 가위로 오려야 하는 번거로움을 해소
  하였다.

* 칼 :

  칼날에 구멍을 뚫어 재료를 절약하고 음식물이 칼에 달라붙지 않도
  록 했다.

* 빗 :

  손잡이 부분에 구멍을 뚫어 재료를 절약하고 걸기 쉽도록 했다.

* 각설탕 :

  포장지에 바늘구멍을 뚫어 습도를 조절하여 각설탕이 녹는 것을 방
  지했다.

* 주전자 뚜껑 :

  뚜껑에 구멍을 내어 새어나오는 증기의 압력을 조절함으로써 뚜
  껑이 덜그럭거리지 않도록 했다.

| 우표 자름선

| 빗 손잡이

| 주전자 뚜껑

구멍을 뚫어 대박을 터뜨린 사람들

19세기 후반에 헨리 아처가 우표에 구멍을 뚫는 간단한(?) 아이디어로 큰돈을 벌었다는 얘기를 들은 일본의 회사원 후쿠이에는 송곳을 들고 아무데나 쑤시고 다니면서 자기도 구멍을 뚫어 성공해 보겠다고 큰소리쳤다. 그러나 송곳으로 아무데나 쑤시고 다니니 사람들이 좋아할 리 없었다.

그러던 어느 날 감기몸살에 걸린 그는 일찍 집에 돌아와 누워 있게 되었다. 그는 난롯불(일본의 가옥은 구조상 주로 난로를 이용하여 난방을 한다) 위에 물주전자를 올려놓고 잠이 들었는데, 주전자의 물이 끓으면서 내는 덜거덕거리는 소리에 잠이 깼다. 그 시끄러운 소리를 어떻게 재울까 궁리하러 주전자를 살피다가 (다른 것들은 다 구멍을 뚫어보았는데) 주전자 뚜껑만 구멍을 뚫어보지 않았다는 것을 깨달았다. 그래서 곧 주전자 뚜껑에 구멍을 뚫어 난로에 올려놓고 다시 누워 있는데 웬일인지 물이 끓어도 전혀 덜거덕거리지 않았다. 수증기가 뚜껑의 구멍을 통해 빠져 나가서 그렇다는 사실을 발견한 그는 쾌재를 불렀다. "그래, 바로 이거야!" 곧바로 특허를 출원한 그는 롤 모델인 헨리 아처처럼 구멍을 뚫어 큰 부자가 되었다. 밥솥에 뚫린 구멍도 그의 특허가 적용된 것이다.

이 밖에도 구멍을 뚫어 성공한 사례는 더 있다. 미국의 한 젊은 선원은 설탕 회사의 현상공모에 응했는데, 배의 환풍구가 실내의 수분을 밖으로 배출하는 것에 착안하여 각설탕 포장에 바늘구멍만한 통풍구멍을 뚫어 설탕에 습기가 차는 것을 예방함으로써 각설탕을 아무 손상 없이 먼 지역까지 수출할 수 있게 했다. 그는 회사에서 100만 달러의 상금을 받았다.

전인기, 『발명 200제』 중에서

구상도

정의 구상도(構想圖)는 완성되었을 때의 모양을 상상하여 제품 전체의 크기를 결정하고, 각 부분의 치수나 세부 구조를 생각하면서 제품을 알아보기 쉽게 실물 모양으로 그리되, 비례를 고려하여 등각투상도나 사투상도로 완성한다.

해설

✔ 구상도 그리는 순서

① 자를 사용하여 실선으로 정확한 모양을 그린다.

② 치수선과 치수보조선을 긋는다.

③ 치수선 중앙에 치수를 기입한다.

   (단위는 mm로 하되 단위는 쓰지 않는다)

④ 치수를 기입할 때는 치수선 위에 기록해야 하고 아래와 오른쪽에서 읽을 수 있도록 기입한다.

등각투상도를 이용하여 구상도를 그리는 방법

1. 먼저 X, Y, Z 축을 그린다.

2. X, Y, Z 축에 너비, 높이, 안쪽 길이에 해당하는 길이만큼 축에 점을 찍는다.

3. 일반적으로 높이는 Z축, 너비는 X축, 안쪽 길이는 Y축으로 그 린다.

4. 다음은 마주보고 있는 선과 평행한 선을 먼저 찍은 점을 기준 으로 선을 긋는다.

5. 필요한 선만을 남기고 필요 없는 부분은 지운다.

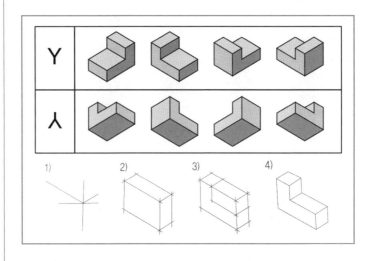

사투상도를 이용하여 구상도를 그리는 방법

1. 먼저 기준선을 수평으로 긋고 물체의 정면을 실제와 같이 그린다.

2. 각 꼭짓점에서 30°(45°, 60°) 각도로 긋고, 물체의 안쪽 길이를 나타낸다.

3. 다 그린 후에는 필요한 선만을 남기고 필요 없는 부분은 지운다.

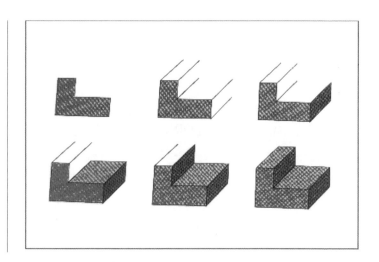

기술

정의 일반적으로 산업에서 말하는 기술(技術)은 'technology'에 해당하는 것으로, "과학 이론을 자연의 사물에 적용하고 가공하여 인간 생활에 유용하도록 하는 수단"을 뜻한다. 예를 들면 제조 기술, 토목 기술, 가공 기술 등을 말한다. 또 다른 의미의 기술은 'technique'에 해당하는 것으로, "사물을 잘 다루는 능력이나 방법"을 뜻한다.

산업에서 사용하는 기술을 가리킬 때는 '과학기술' 또는 '과기(科技)'를 쓴다.

해설 과학과 기술과 발명의 차이를 말하면, 과학(科學, science)은 사물의 구조나 성질을 실험하고 관찰하여 이론으로 정립한 지식 체계를 말하고, 기술(技術, technology)은 과학 이론을 자연의 사물에 적용하고 가공하여 인간 생활에 유용하도록 하는 수단이며, 발명(發明, invention)은 새로운 것을 착상해내는 것이다.

예를 들면 (〈생각거리〉의 '상태 변화 흐름도'에 보듯) 상태 변화를 설명하는 것이 과학이라면 그 상태 변화를 이용해 냉장고를 만들어 생활에 이용하는 것이 기술이다.

이렇듯 기술은 과학 이론을 구체적으로 현실에 구현하는 실행의 학문으로, 과학 못지않게 중요하다. 기술이 없으면 과학도 이론에 그칠 뿐 우리 생활에 효용을 주지 못한다. 이렇듯 과학과 기술은 차원이 아니라 역할이 다를 뿐이므로, 기술자를 과학자의 아래로 여겨 차별하는 태도는 옳지 않다.

생.
각.
거.
리.

냉장고의 원리(과학과 기술의 차이)

과학 이론	과학 이론을 기술에 적용한 사례
상태 변화 흐름도	상태 변화를 이용해 만든 냉장고

냉장고 원리(흐름도)

기화열과 액화열을 이용하여 만든 것으로, 냉장고 안에서는 기화열로 에너지를 흡수하여 밖에서는 액화되면서 액화열을 방출하는 기술로 만들어 냉장고 안을 시원하게 만든 발명품이다.

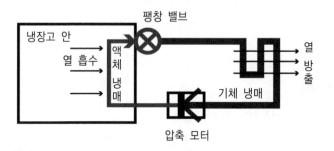

과학/기술/발명의 비교 정리

① 과학: 상태 변화를 설명하는 것

② 기술: 냉장고를 만드는 제조 과정

③ 발명: 과학 원리를 적용하여 새로운 물건을 만들거나
　　　　불편한 점을 개선하여 더 나은 것을 만들어내는 것

기호

정의 제도에서 사용하는 기호(記號, symbol)는 문자나 마크 등 의미가 붙여진 도형을 가리킨다. 도면은 기호로써 간명하게 표현할 수 있으며, 도면에 쓰이는 기호는 치수와 함께 쓰는 기호, 건축 설계 제도 기호, 전기 배선 기호 등이 있다.

해설

✔ 도면에 사용되는 기호의 종류

| 치수와 함께 쓰는 기호 |

기 호	읽 기	용 도	기 호	읽 기	용 도
Φ	파이	지 름	□	사각	정사각형의 변
R	알	반지름	( )	괄호	참고 치수
t	티	두 께			

| 건축 설계 제도 기호 |

명 칭	평 면	명 칭	평 면	명 칭	평 면
출입구 입반		창일문		쌍여닫이문과 방화벽	
회전문		망창		빈지문	
쌍 여닫이문		회전창 또는 돌출창		쌍 여닫이창	
접는문		미서기문		여닫이창	
여닫이문		미닫이문		망사창	
주름문 (재질 및 양식 기입)		셔터		셔터창	
자재문		번지문			

| 전기 배선 기호 |

기 호	용 도	기 호	용 도	기 호	용 도	기 호	용 도
◯	백열등	⦂	콘센트	Ⓖ	발전기	S	개폐기
	형광등	●	점열기	Ⓗ	전열기	Wh	전력양계
	벽 등	Ⓜ	전동기		축전지	E	누전 차단기

| 건축설비 기호 |

기 호	명 칭	기 호	명 칭	기 호	명 칭
	개수대		벽일반		석재
	의자		벽돌벽		목재
	책상		블록벽		콘크리트
	욕조		철근 콘크리트벽		벽돌
	세면대		강		흙
	좌변기		알루미늄		모래

나사

정의 　나사(螺絲)는 원기둥이나 원통의 외면 또는 내면의 둘레를 따라 나선형으로 돌아가면서 홈을 파낸 것으로, 원기둥의 바깥쪽에 홈을 판 것을 수나사라 하고 원기둥의 안쪽에 홈을 판 것을 암나사라고 한다

| 수나사

| 암나사

해설 아래 그림과 같이 원기둥에 직각 삼각형 종이를 감을 때 원기둥에 나타나는 종이의 빗면 기울기를 나사선이라 하고 그 나사선을 따라 홈을 판 것이 나사다.

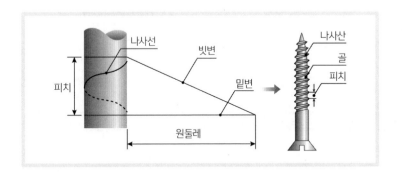

✅ 나사를 만드는 이유

높은 산을 오를 때 암벽을 수직으로 타고 오르기가 어려워 산에 비탈길을 만들어 빙글빙글 산을 돌아, 좀 더 적은 힘으로 정상에 오르는 것처럼 두 개 이상의 부품을 나사로 결합시킬 때 쉽게 할 수 있게 하기 위해서다.

✅ 나사의 명칭

* 피치(pitch): 나사산에서 바로 그 다음 나사산까지의 거리
* 리드(lead): 나사를 한 바퀴 돌렸을 때 축 방향으로 움직인 거리
* 바깥지름: 나사의 호칭을 나타내는 호칭 지름
* 나사의 표준: 나사는 나사의 모양, 피치, 지름 등이 규격화되어 상호 호환성이 있어야 하며, 나사의 크기는 나사의 바깥지름으로 표시하고 있다. 그리고 이것을 나사의 호칭 치수로 한국공업규격(KS)에 정하고 규격화되어 있다.

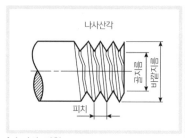

| 수나사 명칭

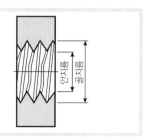

| 암나사 명칭

| 나사의 종류 |

종 류		특징 및 용도
나사의 위치에 따라	수나사	원기둥의 바깥쪽 둘레에 홈을 판 나사
	암나사	원기둥의 안쪽 둘레에 홈을 판 나사
죔 방법에 따라	오른나사	오른쪽으로 돌리면 죄어지는 나사
	왼나사	왼쪽으로 돌리면 죄어지는 나사
나사사 줄 수에 따라	1열나사	1개의 나사산 줄을 가지는 나사
	다열나사	2개 이상의 나사산 줄을 가지는 나사
나사산 모양에 따라	삼각나사	나사산의 단면 모양이 삼각형으로 되어 있으며, 주로 결합용으로 사용
	사각나사	나사산의 단면 모양이 사각형으로 되어 있으며 큰 힘을 전달하는 데 사용
	사다리꼴나사	나사산의 단면 모양이 사다리꼴 모양으로 되어 있으며 전동용으로 큰 힘을 전달하는 데 사용
	톱니나사	삼각나사와 사각나사를 합친 모양으로 한쪽 방 향으로만 큰 힘을 전달하는 데 사용
	둥근나사	나사의 산마루와 골이 둥글게 되어 있는 나사로 전구용 나사 등에 사용

나사의 역사

나사는 물체를 결합할 때 사용하는 데 빗면의 원리를 이용해 만든 기계요소다.

나사가 처음 만들어진 시기는 정확하지 않지만 서기전(287~212년)부터 쓰인 것으로 아르키메데스가 배에 고인 물을 퍼 올리기 위해 나선 모양의 펌프를 만들어 사용했다고 한다. 그리고 레오나르도 다빈치의 하늘을 나는 기계, 중세 기사의 갑옷 부품, 옷감이나 종이를 압착하는 기계 등의 기록에서 보듯이 꾸준히 사용되어 왔다.

하지만 통일되지 않은 나사의 규격과 나사산 모양 때문에 널리 사용되는 데는 아주 오랜 시간이 걸렸고 대형 사고도 발생하게 되었다.

예를 들면, 1990년 초 미국 볼티모어의 호텔에서 발생한 작은 불이 대형 화재 참사로 이어진 적이 있었는데, 화재 이유는 소방전과 소방호스 연결 부위의 나사 규격이 맞지 않아 물을 공급할 수 없었기 때문이었고, 또한 2차 세계대전 당시 고장 난 미 폭격기를 최고의 기술과 장비를 자랑하는 영국으로 보냈으나 수리에 실패하게 되었는데, 그 이유 또한 영국과 미국에서 사용하는 나사 규격이 서로 달랐기 때문이었다고 한다.

남의 아이디어를
활용한 발명

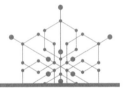

정의 다른 사람의 발명품으로부터 아이디어를 얻어 새로운 발명품을 만들어내는 발명 기법이다.

해설 아리스토텔레스는 "모방은 인간이 가진 본능이며, 인간은 세상에서 가장 모방을 잘하는 동물로서 처음에는 이 모방에 의해서 배운다"고 했고, 에디슨은 "남이 사용한 신기하고 흥미로운 아이디어를 끊임없이 찾는 습관을 기르는 것이 곧 발명의 시작"이라고 했다. "모방은 발명의 어머니"라는 말을 기억하고 잘 활용하자.

✅ **남의 아이디어를 이용한 발명의 효과**
- 기존 제품보다 성능이 우수하다.
- 기존 제품보다 디자인이 우수하다.
- 기존 제품보다 휴대성이 우수하다.
- 제품을 만들 때 기존 제품보다 노력이 덜 들어간다.

✅ 발명품 예시

순 서	발 명 품	효 과
㉮	지압 양말 ⇨ 안 미끄러지는 찻잔	성능이 우수하다.
㉯	풍선 ⇨ 풍선 껌	보다 더 즐길 수 있다.
㉰	우표 구멍 ⇨ 커터 날	성능이 우수하다.
㉱	스케이트 ⇨ 롤러스케이트	사계절 스케이트를 탈 수 있다.

질레트의 안전면도기

질레트는 오늘 아침에도 고객 미팅 준비를 하느라 바쁘다. 말끔한 차림으로 고객을 만나야 하는 세일즈맨에게 깔끔한 면도는 기본이다. 하지만 질레트는 어젯밤 늦도록 술을 마시느라 아침에 늦게 일어나 허둥지둥 면도를 하다 얼굴 여기저기에 상처를 내고 만다. 반창고를 덕지덕지 붙인 얼굴로 고객을 만난 탓인지 그날 상담을 망치고 말았다. 그는 우울한 심기를 달랠 요량으로 이발소를 찾았다. 거울에 비친 이발사의 모습을 무심히 바라보던 질레트는 이발사의 손이 재빠르게 움직이는데도 머리에 전혀 상처를 주지 않고 가위질을 하는 것이 신기하게 느껴졌다.

'아니, 어떻게 저럴 수 있지?' 의아하게 여긴 그는 찬찬히 이발사의 가위놀림을 관찰하기 시작했다. 가만 보니 머리카락과 가위 사이에 빗으로 안전지대를 만들고 빗 위로 나온 머리카락만 자르니까 가위 날이 안 보이도록 빠르게 가위질을 해도 아무 탈이 없는 것이었다. '옳지, 바로 저거야!'

무릎을 치며 감탄한 질레트는 집에 오자마자 면도날 위에 안전 막을 덧대어 안전면도기 고안에 나섰다. 그가 만든 이 안전면도기는 금세 세계적 히트 상품이 되었다. 지금은 안전면도기가 전기면도기에 밀리자 전기면도기를 능가하는 아이디어를 내는 사람에게 거액의 상금을 걸었다는 이야기도 들린다. 모든 일을 무심코 흘려보내지 않고 관찰하는 습관을 들인다면 거액의 현상금이 바로 당신 몫이 될 수도 있다.

글_전인기

리드의 '바다를 지키는 톱밥'

바텐더는 알 수 없는 욕을 지껄이며 바의 중앙으로 나왔고, 소동을 일으킨 사내들은 가게 밖으로 끌려 나갔다. 소동을 이제 가라앉은 듯싶었다.

"어이! 청소하게 자리 좀 비켜줘!"

바텐더는 신경질적으로 소리를 지르곤 어질러진 바닥 위에 뭔가를 잔뜩 뿌렸다.

'뭘 하는 거지?' 토마스 리드는 세차게 머리를 흔들고는 그의 행동을 눈여겨보았다. 바텐더는 맥주로 더럽혀진 바닥에 뭔가를 잔뜩 뿌리고는 쓸어내는 일을 반복하고 있었다. 그러는 동안 향긋한 나무 향이 퍼져 가게 안에 가득했다.

'맞아! 저건 톱밥이로군. 톱밥을 이용해서 맥주를 흡수하고…' 리드는 후각을 자극하는 나무 향으로 그 '뭔가'가 톱밥이라는 사실을 알아냈다. 그 순간 그의 두 손이 감전된 듯 떨려왔다.

'가만! 만약 바다 위에 떠 있는 기름 막에 저 톱밥을 뿌린다면?' 그의 가슴이 두방망이질치기 시작했다. '기름을 빨아들인 톱밥을 걷어내기만 하면. 맞아! 틀림없이 성공할 거야.'

리드는 미친 듯 웃으면서 자리를 박차고 일어났다. 그의 머릿속에는 온통 톱밥과 기름, 넘실거리는 파도만이 가득 차 있었다.

이 작은 소동이 일어난 지 불과 한 달 남짓 만에 리드는 톱밥을 이용한 유출 기름 제거 기술을 완성하기에 이르렀다. 톱밥에 특수 열처리를 하여 물은 빼고 기름만 흡수하도록 한 것인데, 톱밥 부피의 80퍼센트까지 기름을 빨아들일 만큼 성능이 탁월했다. 게다가 유출된 기름을 빨아들인 이 톱밥은 회수하여 다시 기름을 추출할 수도 있었다. 이런 여러 강점으로 인해 '씨 스윕'이라 불리는 이 특수 톱밥은 청정 바다를 지키는 첨병으로 활약하게 되었다.

글_왕연중

더하기 발명

물건과 물건 또는 기존의 물건에 기능이나 내용을 더하여 새로운 물건을 만들어내는 발명 기법의 하나로, 가장 널리 쓰이고 있다.

청소 걸레＋머리카락 줍는 기구　　　　자＋각도기＋컴퍼스

l 더하기 기법을 이용하여 만든 발명품

더하기(+)라고 하면 대부분의 사람들은 지금껏 살아오면서 초등학교 때 배웠던 수학의 덧셈만을 생각한다. 그래서 "1+1=2, 2+3=5"라는 공식으로만 사고하고 판단하게 되었다. 그러나 더하기에는 수학 공식에 따른 덧셈만 있는 것이 아니라 "1+1=1, 2+3=1"이라는 수학으로는 설명할 수 없는 일도 많다는 사실을 알아야 할 것이다. 예를 들면 물방울 하나에 다른 물방울 하나를 더하면 물방울 하나가 만들어지는 것이나 구름에 구름을 더하면 더 큰 구름이 되는 것이나 밀가루 반죽에 다른 밀가루 반죽을 합치면 커다란 반죽 덩어리가 되는 것이다.

| 더하기 기법

더하기(+) 발명이라는 이 방법은 기존의 발명품에 뭔가를 덧붙여서 새로운 발명품을 만들어내는 것이다. 태반의 발명품이 이 방법에 따라 착안되었을 만큼 쉽고도 기본이 되는 발명 기법이다.

더하기 발명에는 같은 것을 더 늘려서(A+A 방식) 새로운 효과를 내는 것이 있고, 서로 다른 것을 더해서(A+B 방식) 새로운 발명품을 만들어내는 것이 있다.

✔A+A 방식: 똑같은 것을 그대로 더 늘려서 새로운 효과를 낸 것

* 의자+의자 = 양면 의자(등받이 하나로 양쪽에서 앉는 의자)
* 면도날+면도날 = 양날 면도기
* 철사+철사 = 가시 달린 철조망

| A+A의 양면 의자

☑ A+B 방식: 서로 다른 것을 더해서 새로운 발명품을 만들어내는 것

공사판에서 노동자들이 새참 시간에 라이터 뒤꽁무니로 소주병 뚜껑을 따는 것을 보고 라이터에 병따개를 결합한 히트 상품을 만들었다고 한다.

l A+A 더하기 기법의 발명품

- 볼펜＋발광다이오드 = 라이트펜
- 연필＋지우개 = 지우개 달린 연필
- 휴대폰＋카메라 = 카메라 달린 휴대폰
- 치마＋저고리 = 원피스
- 줄넘기＋카운터=자동으로 카운트되는 줄넘기

다음은 더하기 기법 중 A+B의 기법을 활용해 만든 발명품을 전국발명대회에 출품하기 위해 만든 발명 설명서다.

언제든지 쉽게 찾을 수 있는 **장애인 지팡이**

01_ 제작 동기

시력을 잃은 할아버지가 지팡이를 떨어뜨리고서 손으로 땅바닥을 더듬거리면서 지팡이를 찾는 모습을 본 일이 있다. 그것을 안타깝게 여겨 어떻게 하면 시각장애인이 떨어뜨린 지팡이를 손쉽게 찾을 수 있을까 궁리한 끝에 이 발명품을 만들게 되었다.

02_ 작품 요약

지팡이 속에 벨소리를 내는 부저와 전지를 넣고 수은(Hg)에 의하여 일정한 범위를 벗어나면 부저가 울리도록 하고, 또한 리모컨으로 지팡이 위치를 찾을 수 있도록 한 발명품이다.

03_ 작품 내용

지팡이 속에 벨소리를 내는 부저와 전지를 넣고 수은 스위치를 활용하여 만든다. 수은 스위치는 액체로 되어 있어 지팡이가 쓰러지면 액체 수은이 흘러 단자를 연결시키게 되어 부저의 벨소리가 울리는 원리다. 지팡이를 세워 두면 수은이 아래로 흘러 절연이 되므로 전기가 흐르지 않아 부저가 울리지 않는 원리다.

| 장애인 지팡이 | 접은 모습 | 펼친 모습 |

04_ 제작 결과

1. 수은 스위치를 적용하여 손에서 떨어뜨리면 지팡이에서 부저가 울려 지팡이를 손쉽게 찾을 수 있게 만든 발명품이다.

2. 수은 스위치나 부저, 건전지 등을 지팡이 속에 내장하여 만들기 때문에 외관상 표시가 나지 않고 사용하는 데 전혀 불편함이 없도록 만든 실용적인 발명품이다.

3. 길거리에서 지팡이를 떨어뜨리더라도 그것을 찾는 데 허비하는 시간을 줄일 수 있고, 지팡이를 떨어뜨리면 어떻게 하나 하는 걱정을 아예 덜게 되어 마음 편히 외출할 수 있게 하는 착한 발명품이라 생각한다.

필립의 십(+)자 드라이버

가장 노릇을 하느라 중학교를 중퇴하고 조그마한 전파상에서 수리공으로 일하던 소년 필립은 고민이 생겼다. 고장 난 라디오를 수리하려면 일(—)자 드라이버로 나사못을 빼야 하는데, 수리가 잦다 보니 일자  나사못의 홈이 망가져 여간해서는 뺄 수가 없었다. 그래서 라디오 수리를 못하는 일이 잦아졌다.

그러다가 어느 날은 망가진 일자나사못 홈의 가로로 새로운 홈을 팠다. 새로 판 홈 덕분에 쉽게 나사를 풀 수 있었는데, 그 순간 필립은 기발한 아이디어를 떠올렸다. "그래 이거야!" 큰소리로 외친 필립은 그때부터 일자 나사못에 또 다른 홈을 파서 십자 홈으로 고쳐가면서 라디오를 수리했다. 드라이버 역시 날을 십자로 만들어 사용했다.

그러자 나사못의 마모가 눈에 띄게 줄었고 해체와 조립에 걸리는 시간도 훨씬 짧아졌다. 놀라운 발명이었다. 세계 각국에 발명 특허를 출원한 필립은 그 발명 하나로 인생을 바꾸었다.

등각투상도

정의
    등각투상도(等角投象法, isometric projection drawing)는 각이 서로 120°를 이루는 세 개의 기본 축 위에 물체의 높이, 너비, 안쪽 길이를 옮겨서 각 면을 나타내는 입체 투상법이다.

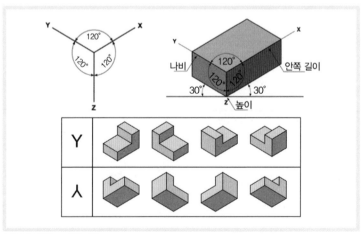

| 등각투상도 그리는 법

해설	등각투상도는 물체의 세면을 동시에 볼 수 있는 한 곳의 꼭 지점을 선정하여 세면을 같은 기울기로 표현할 수 있는 것이

특징이다.

등각투상도는 구상도를 그릴 때 사투상도와 같이 많이 사용하는 입체 투상도다.

| 등각투상도를 그리는 순서 |

도면 그리기	설명	도면
1단계	'Y' 그리기나 'Y'자 거꾸로 그리기: 윗면의 꼭짓점을 기준으로 잡을 때는 'Y' 그리기로 하고 반대로 아랫부분을 기준으로 잡을 때는 'Y'자 거꾸로 그리기를 기준으로 잡는다.	
2단계	1) 120°를 이루는 3개의 기본선을 긋는다. 2) 치수를 옮겨서 겉모양을 나타낸다. 3) 치수를 옮겨서 물체의 모양을 나타낸다. 4) 필요한 선만 굵게 긋고 나머진 지운다.	

1)

2)

3)

4)

등각투상도 그리는 순서

선의 종류

선의 종류와 용도는 KS(한국공업규격)로 규정했다. 작성된 도면
은 누가 보아도 쉽게 이해할 수 있어야 하기 때문이다. 또한 이것
은 도면의 기능 중 정보 전달과 보관의 기능에 해당하는 것으로,
선의 종류와 용도뿐만 아니라 도면의 규격이나 기호도 통일되어
있다.

구분		용도에 따른 이름	용도
종류	모양		
실선	굵은 실선 ▬▬▬	외형선	물체의 보이는 부분의 모양을 나타내는 데 사용
	가는 실선 ────	치수선	치수, 기호, 각도, 가공법 등을 표시하는 데 사용
		치수보조선	
		지시선	
	▨▨▨	해칭	물체의 절단면을 나타내는 데 사용
	∿∿∿	파단선	부분 생략 또는 부분 단면의 경계를 표시하는 데 사용
파선	굵은 파선 가는 파선 ------	숨은선	물체의 보이지 않는 부분을 나타내는 데 사용
1점 쇄선	가는 1점 쇄선 ─·─·─	중심선	도형의 중심을 표시하는 데 사용
2점 쇄선	가는 2점 쇄선 ··─··─··	가상선	물체가 움직인 상태를 가상하여 나타내는 데 사용

디자인

정의   디자인(design)은 물품의 형상, 모양, 색채 또는 이들을 결합한 것으로 시각을 통하여 아름다운 느낌을 가질 수 있도록 하는 것을 말한다(디자인보호법 제2조 1호).

▎건축 디자인

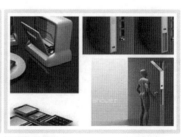

▎공업 디자인

해설   우리나라에서는 '디자인' 대신 1950년부터 '의장(意匠)'을 사용해 오다가 1970년대 들어 '디자인'이 대중화되면서 널리 사용하기 시작했다. 특허법에서도 영어의 'design'에 해당하는 단어로 '의장디자인'을 사용해 오다가 순우리말로 바꾸어보려 했으나 그 의미에 적합한 낱말이 없어 '디자인'을 그냥 사용하기로 했다.

✅ 디자인의 종류

구 분	내 용
산업 디자인	일상에서 자주 접하는 분야로 대량 생산 과정을 거쳐 만들어지는 제품이나 제품 시스템으로 주방용기, 가전제품, 통신기기 등
환경 디자인	공간과 생태계를 아름답게 보존하고 관리하기 위한 인간의 생활환경
시각 디자인	모든 인쇄 매체를 말하며 그래픽 디자인이라고도 한다.
공예 디자인	공예 디자인은 재료에 따라 구분한다.

✅ 디자인의 조건

구 분	내 용
합목적성	원래 목적에 맞게 디자인하는 것으로, 목적에 맞게 디자인하기 위해서는 세심한 분석 과정이 필요하다.
독창성	독창성은 제품에 혼을 불어넣는 행위로 주어진 정보와 디자이너의 지식, 경험, 상상력 등이 결합되어 만들어진 것이다.
경제성	최소의 비용으로 최대의 효과를 얻으려는 경제적 목적에 어울려야 한다.
심미성	미적 감각을 느낄 수 있는 것으로 소비 대중이 공감하는 것을 말한다.

✅ 디자인 등록 요건

① 공업상의 이용 가능성

- 공업적 생산 방법에 의하여 동일한 물품의 양산이 가능할 것
- 공업적 생산 방법은 기계 공업적 생산 방법과 수공업적 생산 방법을 포함한다.

② 신규성

- 국내외에 알려진 것이 없는 것이어야 한다.

- 국내외에 공지되었거나 간행물로 게재되었거나 통신회선을 이 용해 공중에 이용한 것은 디자인의 신규성을 인정하지 않는다.

❸ 창작성

- 쉽게 창작할 수 있는 디자인이 아닌 것으로 다른 디자인과 객관 적으로 명확하게 구별되는 정도를 말한다.

✅ 산업재산권과 저작권

	산업재산권				저작권
	특허권	실용신안권	디자인권	상표권	
특징	지금까지 이 세상에 없던 물건이나 방법을 최초로 발명한 경우에 주어진 권리	이미 발명된 것을 더욱 편리하게 만든 발명에 주어진 권리	물품의 형상, 모양, 색채 또는 이들을 결합한 것에 주어진 권리	제품을 구별하기 위해 상호, 이름, 마크 등에 주어진 권리	문화 예술 저작물에 주어진 권리
	분리된 송수화기	하나로 만든 송수화기		ⓛG SAMSUNG DOOSAN	영화, 음악, 소설 등
존속 기간	출원일로부터 20년	출원일로부터 10년	등록일로부터 20년	등록일로부터 10년(10년마다 갱신 가능)	저작자 사망 후 70년

✅ 발명부터 특허 출원까지의 과정

문제의 인식 ▶ 아이디어 착상 ▶ 아이디어 착상 ▶ 아이디어 구체화

서류 작성 ▶ 특허 출원 신청 ▶ 특허 심사 ▶ 특허권 획득

※ 우리나라는 선출원주의를 따르기 때문에 특허를 출원하기로 결정하면 신속하게 결정해야 한다.

디자인과 발명

산업재산권은 특허/실용신안/디자인/상표로 분류되는데, 모양은 디자인에 해당된다. 모양을 아름답게 꾸미는 것도 발명인 셈이다. "이왕이면 다홍치마"라고, 아름다움에 대한 인간의 관심은 동서고금이 다르지 않다.

이제 소비자는 성능이나 내구성 못지않게 디자인도 중시한다. "보기 좋은 떡이 먹기도 좋다"고, 어떤 상품이든 보기에 좋으면 그만큼 잘 팔리는 것은 당연하다. 예를 들어, 전화기만 봐도 각양각색으로 디자인의 향연이다. 피아노 모양으로 다이얼 대신 건반을 누르는 전화, 오리 모양으로 오리 소리가 나는 전화, 자동차 모양의 전화, 속이 들여다보이는 투명 전화, 콜라병 모양의 전화, 지구본 모양의 전화 등 그 모양과 색상이 가지가색이다.

이는 모두 디자인 등록이 된 상품이다. 디자인도 특허청에서 산업재산권 등록을 마치면 특허와 실용신안처럼 독점 사용이 가능해진다.

시중의 상품은 대부분 디자인 등록이 되어 있다. TV, 세탁기, 냉장고, 선풍기, 라디오 같은 가전제품은 물론이고 주전자, 컵, 쟁반, 접시, 냄비, 찻잔 같은 일상용품에 이르기까지 대기업은 독점 생산을 위해 디자인 등록을 해놓고 있다.

기존 물건의 모양을 바꾸는 것만으로 발명에 성공한 예는 많다.

유선형 만년필을 만든 파카는 디자인으로 세계적인 '만년필 발명왕'이 되었다. 당시 유선형의 디자인은 비행기와 자동차에까지 채택될 정도로 유행했다. 전형적인 막대 모양의 만년필을 유선형으로 개선한 것이 적중한 것이다. 빌딩 수위로 일하던 쓰쓰이는 성냥갑을 100여 가지 모양으로 만들어 그에 따른 로열티로 연간 1,000여 만 엔을 벌어들였다. 또 레이먼드 로이의 새로운 담뱃갑 디자인은 그 담배 판매고를 1년 내에 20%나 더 올려주었다. 디자인은 물건의 모양뿐 아니라 옷감의 무늬도 해당된다. 아름다운 무늬를 도안했으면 그것도 디자인 출원이 가능하다. 크기를 변화시켜 탄생한 발명품도 많다. 시계도 커다란 벽시계에서 더 작은 회중시계로, 다시 그보다 더 작은 손목시계로 변화하면서 대중화되었다.

마케팅

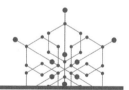

정의 마케팅(marketing)은 모든 일련의 판매행위를 말하며, 생산
자와 소비자가 원하는 것을 원활하게 공급하기 위한 활동으
로 시장 조사, 상품 선전, 판매 촉진 등이 이에 속한다.
또한 상대방의 잠재욕구를 자극하여 상품과 용역을 생산자로부터 소
비자에게 원활히 이전하기 위한 비즈니스 활동을 포함한다.

해설 마케팅 활동으로는 시장 조사, 상품화 계획, 판매 촉진, 선전
광고, 디지털 마케팅 등이 있다. 마케팅은 생산자와 소비자
가 바라는 것을 결합해 능률적으로 공급하는 것이다.
일반적으로 마케팅을 판매(selling) 아니면 광고(advertising)로 생각
하고 있지만 마케팅을 이해하기에는 부족한 개념이다.
마케팅(marketing)이라는 말은 시장에서 이루어지는 활동(market＋
ing)이라 할 수도 있고, 그 활동을 주도하는 고객(customer)을 말하기
도 한다. 다시 말하면 시장에서 상품을 구매하는 소비자의 활동을

말한다.

자신이 생산한 물건을 판매하기 위해서는 소비자들이 원하고 좋아하고 바라는 것을 얻게 해주는 것이 마케팅의 시작이라 생각하면 올바를 것이다.

마케팅이란 교환 과정을 통해 필요와 욕구를 충족시키려는 인간 활동

한국 마케팅학회는 마케팅을 "마케팅은 조직이나 개인이 자신의 목적을 달성시키는 교환을 창출하고 유지할 수 있도록 시장을 정의하고 관리하는 것"이라고 정의한다.

다음은 고객의 수요를 충족하기 위한 마케터의 노력이다.

마케터의 임무는 미충족 욕구를 발견하는 것		
미 충족 욕구의 예	문제의 발생	마케터의 노력
동창생을 만나고 싶다.	연락처를 모른다.	Product: 모교 홈피 제작 및 My Friend 사이트 개발
자동차를 사고 싶다.	그러나 돈이 없다.	Price: 작은 차 구입
CD를 사고 싶다.	근처에 CD 판매점이 없다.	Place: 인터넷 쇼핑

✅ 마케팅 관리의 발전 단계

생산 개념	〉	제품 개념	〉	판매 개념	〉	마케팅 개념	〉	사회적 마케팅 개념
기업 중심 마케팅					고객 중심 마케팅			

■ 기업 중심 마케팅
  • 생산 개념(product concept)

- 소비자들은 싸고 질 좋은 제품을 선호
  - 수요 공급을 맞춰 공급이 많아지는 경우 원가를 낮춰야
  - 유통망 확보가 중요
- 제품 개념(product concept)
  - 소비자는 최고의 품질과 성능을 선호
  - 기술이 우수한 혁신적 제품 선호(연구 개발 주력)
  - 기술은 우수하나 외면당하는 제품
- 판매 개념(selling concept)
  - 지나친 영업 및 판촉활동
  - 기업이 일방적으로 만든 상품의 판매
  - 고객이 능동적으로 제품을 구매하지 않는다고 믿음

■ 고객 중심 마케팅

- 마케팅 개념(marketing concept)
  - 고객 입장에서 생각하는 고객 중심 마케팅 관리
  - 판매와 함께 고객의 문제를 해결하고 만족을 주는 것이 목표

■ 마케팅의 4P's 전략

  - 제품(product) 전략: 장비의 차별화를 통한 고객 만족
  - 가격(price) 전략: 고소득층을 위한 별도의 고가 정책 전략
  - 유통(place) 전략: 최신 유통 장비의 도입을 통한 고객의 신뢰성 확보
  - 촉진(promotion) 전략: After Service 전략을 넘어선 Before Service 전략의 판촉활동

창업 100% 성공하기

이 이야기는 평범한 회사원의 아내로 집안에서 살림만 하면서 행복하게 살던 송미선 씨 이야기다. 그녀는 어느 날 갑자기 남편이 출장 중에 사망했다는 소식을 듣게 된다.

몇날 며칠을 어린 자녀들과 함께 슬픔에 잠겨 있던 그녀는 어느 날 긴 한 숨을 내쉬면서 자리를 털고 일어났다. 그리고 어린자식들과 살아 갈 것을 고민하던 그녀는 남편의 사망 위로금을 밑천 삼아 음식 장사를 하고자 마음을 먹었다.

그런데 막상 사업을 시작하려 하니 만에 하나라도 사업에 실패하면 어린 자식들과 함께 길거리로 쫓겨나 노숙자가 되어야 할지도 모른다는 막연한 불안감이 밀려왔다. 그녀는 어찌해야 할까? 숱한 고민 끝에 망하지 않고 100% 성공하는 대박 집 프로젝트를 준비하게 된다.

그 망하지 않고 100% 성공하는 대박 집 프로젝트 사업의 비결은 첫 번째는 철저한 준비고, 두 번째는 남보다 더 흘리는 땀방울이며, 세 번째는 간절한 소망을 담은 행운이라 생각했다.

"첫 번째의 철저한 준비"를 생각하던 그녀는 그 대안으로 전국에서 유명한 대박 집 20곳을 선정한 후 1년 동안 한 집에 15일씩 취업해 그 집만의 노하우(knowhow)를 10가지씩 찾기로 결심한다.

그렇게 오랫동안 준비한 대박 집 프로젝트를 실행하는 동안 이상한 사람이라고 문전박대를 당하기도 하고 서툰 솜씨로 일을 하면서 다치기도 했으나 1년을 참고 열심히 노력한 결과 전국 유명 대박 집의 노하우 200여 개가 그녀의 손에 들어오게 되었다. 그녀는 1년여 동안 고생한 것을 생각하고 200여 개의 노하우를 하나하나 꼼꼼히 살피고 자신에게 잘 맞는 10여 개를 선택하고 창업하여 대박 집으로 성공하게 되었다.

그러나 그녀는 대박집의 명성을 잃지 않기 위해 지금도 한 달에 한 번씩 새로운 대박 집을 선정해 직접 그 집을 체험하고 새로운 특색을 찾아 자신의 음식점에 적용시키고 있다고 한다.

하늘은 스스로 돕는 자를 돕는다고 했다. 그 말은 스스로 돕지 않는 자는 돕지 않는다는 말이기도 하다. 내가 최선을 다 했을 때 하늘도 내게 기회를 주는 것이다. 철저히 준비하고 남보다 더 땀 흘리고 하늘이 내게 주는 행운을 기다리자. 그것이 "100% 창업 성공하기" 비법이다.

글_전인기

명세서

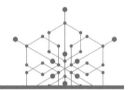

정의   명세서(明細書, statement)는 당해 발명의 기술설명서라고 할 수 있으며, 당해 발명을 실시하기 위한 기술지침서다.

해설   명세서라 함은 출원인이 특허를 받고자 하는 대상물을 기재한 서류로, 발명의 내용을 제3자에게 공개하는 기술문헌임과 동시에 독점배타적인 기술적 범위를 나타내는 권리서로서의 기능을 수행한다.

◉ **명세서의 기재 방법**

① 발명의 명칭

막연하거나 장황한 기재를 피하고 발명의 내용에 따라 간명하게 기재해야 한다.

② 도면의 간단한 설명

도면이 출원서에 첨부되었을 경우, 도면의 간단한 설명란에는 각각의 도면을 간단명료하게 기재해야 한다.

❸ 발명의 상세한 설명

특허법 제42조 제3항은 "발명의 상세한 설명에는 그 발명이 속하는 기술 분야에서 통상의 지식을 가진 자가 용이하게 실시할 수 있을 정도로 그 발명의 목적, 구성 및 효과를 기재해야 한다"고 규정하여, 발명의 상세한 설명의 기재 요건을 규정하고 있다.

– 발명의 목적: '발명이 속하는 기술 분야 및 그 분야의 종래 기술과 발명이 이루고자 하는 기술적 과제를 기재해야 한다.

– 발명의 구성: 발명의 과제 해결을 위한 기술적 수단(구성)을 작용과 함께 기재해야 한다.

– 발명의 효과: 발명의 효과에는 당해 발명의 기술적 구성이 이루어낸 직접적인 결과를 말한다.

❹ 특허 청구 범위

특허 청구 범위에는 보호를 받고자 하는 사항을 청구 항으로 기재하도록 하고 있으므로, 특허 청구 범위에 청구 항으로 기재된 사항은 청구 범위 기재 방법에 따라 발명의 상세한 설명에 개시한 발명 중 출원인이 스스로의 의사에 의하여 특허권으로 보호를 받고자 하는 사항으로 선택하여 기재한 사항이다.

❺ 도면의 기재 방법

발명의 구성은 문장에 의하여 명세서에 기재되어야 하며, 도면은 명세서에 기재된 발명의 구성을 더욱 잘 이해할 수 있도록 보충해주는 기능을 가진다.

『마법천자문』의 특허 분쟁 사례

"특허법 정말 어렵더군요. 중소기업 사장들 특허 제대로 알고 회사 운영해야 합니다."

아동도서 『마법천자문』을 펴내 국내에서 시리즈 통틀어 1,200만 부 판매라는 공전의 히트를 친 출판사 북21의 김영곤 사장(52). 그는 19일 『한국경제』와의 인터뷰에서 지난 3년여 동안 국내에서 전례 없이 진행된 '책 특허 분쟁'이 끝내 패소로 마무리된 심정을 이같이 밝혔다.

대법원은 최근 북21이 『마법천자문』과 관련해 등록한 '한자 교재 및 애니메이션 한자교재를 기록한 기록매체' 특허에 대해 등록무효 판결을 내렸다. 『마법천자문』은 한자를 손오공의 모험 이야기 속에 자연스럽게 녹여 놀이하듯 쉽게 외울 수 있도록 한 책. 주인공들이 "불어라, 바람 풍(風)" 하고 외치면서 마법을 쓰면 바람이 불고, "열려라, 열 개(開)" 하면 문이 열리는 식이다. 김 사장과 회사 임직원들이 사명당이 불에 달궈진 방을 '얼음 빙(氷)'자를 붙여 얼어붙게 만든 임진록의 일화에서 착안해 펴냈다.

『마법천자문』은 2003년 11월 첫 권이 발행돼 아이들의 입소문으로 석 달 만에 판매량이 급격히 늘었다. 출판 불황 속에서도 다음해 2~5권까지 총 150만 부가 팔렸다. 김 사장은 베스트셀러로 자리매김한 『마법천자문』을 저작권뿐만 아니라 특허로도 보호받기 위해 2005년 5월 특허를 출원했다. 특허는 저작권과는 달리 아이디어도 지식재산권으로 보호받을 수 있기 때문이었다. 독자가 효과적으로 한자를 배울 수 있도록 한자와 관련된 만화 이미지를 스토리와 연관되게 삽입하고, 시각적 배치를 유기적으로 구성했다는 점에서 "자연법칙을 이용한 발명"이라고 주장했다. 특허청도 김 사장의 의견을 받아들여 2006년 5월 책으로서는 전례 없이 특허 등록을 받아들였다.

그러나 2007년 한 방송사에서 유사한 내용의 한자 교육 애니메이션을 방영하면서 김 사장은 분쟁에 휘말렸다. 애니메이션 제작업체와 방송사 등을 상대로 특허 침해 경고장을 보내자 상대편에서는 특허등록무효심판 청구로 맞섰다. 북21은 『마법천자문』이 자연법칙을 이용했다는 점을 부각시켜

1심에서는 승소했다.

판세는 2심에서 예상치 못한 공격을 받으면서 뒤집어졌다. 상대 회사는 "『마법천자문』이 특허 출원 전에 발행돼 신규성이 없어 무효"라고 주장했고, 재판부는 이 같은 주장을 받아들여 『마법천자문』 특허를 발명으로 인정하면서도 등록무효 판결을 내렸다. 대법원도 2심 판결을 그대로 인용했다. 김 사장은 "자기 기술을 자기가 공지하는 게 문제된다는 것을 아는 기업인들이 얼마나 되겠느냐"며 "판결에 불만이 없는 것은 아니지만, 기본적으로 본인의 불찰이라 생각한다"고 말했다. 그는 "『마법천자문』과 관련해 새로운 아이디어가 나오면 이제는 특허부터 출원할 것"이라고 말했다.

『한국경제』, 2010년 05월 19일자 기사 참조

모양 바꾸기 발명

정의 물건의 본질은 그대로 두고 모양, 냄새, 소리 등을 일부 또는
전부를 변형시켜 새로운 물건을 만드는 발명 기법이다.

| 일자형 빨대

| 꼬부라진 빨대

| 숟가락 달린 빨대

해설

✅ **모양 바꾸기의 효과**

- 기능이 향상된다.
- 디자인이 아름답다.
- 사용이 편리하다.
- 위생적이다.

✅ 발명품 예시

- 직선형 물파스⇨ 꼬부라진 물파스: 사용이 편리하다.
- 일회용 종이 컵⇨ 봉투컵 또는 원뿔형 컵: 위생적이고 잡기가 편리하다.
- 일자형 빨대⇨ 주름진 빨대: 먹기가 편리하고 누워 있는 환자가 사용하기 편리하다.
- 버스 손잡이⇨ 손 모양 손잡이: 잡기 편하고, 지압으로 건강에 도움을 준다.
- 화장지 ⇨ 올록볼록 화장지: 마찰력과 닿는 면적을 늘려 더 잘 닦인다.
- 머리 빗 ⇨ 다양한 손잡이: 디자인이 아름답다.
- 필통⇨ 이단·삼단 모양, 원통 모양: 문구를 보관하기 편리하다.
- 탁상시계⇨ 하트 모양, 라디오 모양, 골프 가방 모양: 디자인이 아름답다.
- 일자형 콜라병 ⇨ 허리가 잘록한 콜라병: 디자인이 아름답다.

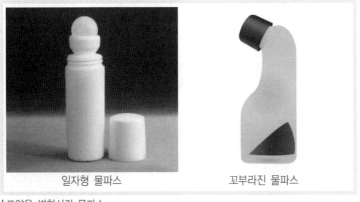

일자형 물파스   꼬부라진 물파스

┃모양을 변형시킨 물파스

코카콜라 병 이야기

코카콜라에서는 상금 600만 달러에 세 가지 조건을 달아 콜라 병 디자인을 공모했다.

첫째, 아름다운 모양일 것
둘째, 물에 젖어도 손에서 미끄러지지 않을 것
셋째, 콜라의 양이 많이 들어간 것처럼 보이면서도 실제로는 적게 들어갈 것

거액의 상금인 걸린 만큼 까다로운 조건이었다. 미국의 자그마한 음료수병 공장에서 일하던 18세의 소년 루드도 이 현상공모를 보고 콜라 병 디자인 구상에 골몰했다.

그러던 어느 날 공원으로 여자 친구를 만나러 갔는데, 나무에 기대 서 있는 여자 친구의 가슴과 허리 그리고 엉덩이로 이어지는 바디 라인을 보고는 무릎을 쳤다.

이로써 1915년 11월 16일, 여성의 매력적인 몸매를 본뜬 코카콜라 병이 처음 세상에 선을 보였다.

물리적 모순

정의   물리적 모순(physical contradiction)은 앞뒤가 서로 맞지 않
는 하나의 변수(parameter)가 서로 다른 목표를 동시에 달
성해야 하는 것이다.

해설

✅ **시간에 의한 분리(separation in time)**

모순되는 두 특성이 서로 다른 시간대에서 요구되는 특성을 모두 만
족시키는 원리

■ 문제 찾기

> 겨울철에는 지반이 꽁꽁 얼어 단단해져 있는 경우가 있다. 이처
> 럼 꽁꽁 얼어 단단한 땅에 말뚝을 박으려면 끝이 최대한 뾰족해
> 야 한다. 그리고 다 박고 난 후에는 끝이 뾰족하게 되면 오히려

말뚝이 빠지기 쉽다는 문제가 있다.

- 문제 인식: 말뚝 끝이 뾰족해야 하면서 동시에 뾰족하지 말아야 한다.

■ 문제 해결

[시간에 의한 분리]
말뚝을 박을 때는 뾰족하지만 박은 후에는 뾰족하면 빠지기 쉬우므로 뭉뚝해지도록 해야 한다. 따라서 말

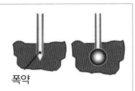

폭약

뚝 끝에 폭약을 설치하여 박을 때는 뾰족하게 박고 완전히 박은 후에는 폭발시켜 뭉뚝하게 만드는 방법이다.

✔ 공간에 의한 분리(separation in space)

모순되는 두 특성이 서로 다른 공간(영역)에서 요구되는 특성을 모두 만족시키는 원리

■ 문제 찾기

[화승총]
화승총은 총을 세워 긴 막대기로 화약을 장전한 후에 불을 붙여서 방아쇠를 당긴다. 그러다보니 재장전 시간은 전투력과 직결된다. 따라서 사격의 속도를 빠르게 하기 위해서는 재장전의 시간을 줄여야 하고 시간을 줄이려면 총신의 길이는 짧아야 한다. 반대로 사격의 정확도와 사거리를 높이기 위해서는 총신이 길어야 한다.

- 문제 인식: 화승총의 총신은 재장전 시간을 줄이기 위해서는 짧아야 하고, 사격의 정확도를 위해서는 충분히 길어야 한다.

■ 문제 해결

> [공간에 의한 분리]
> 화승총의 총신은 재장전을 위해서는
> 짧아야 하고 또 사거리를 길게 하기
> 위해서는 길어야 하는 것을 총알과
> 화약을 일체화시킨 뒤 장전하도록 하여 해결했다.
> 이는 공간적 접근으로 모순을 해결한 것으로 재장전 시간은 줄
> 이고, 총신은 길게 유지할 수 있게 되었다.

✅ 전체와 부분에 의한 분리(separation in scale)

전체 시스템의 수준에서는 어떤 하나의 값을 갖고, 부품 수준에서는
다른 값을 갖게 하는 방법이다.

■ 문제 찾기

> [자전거 동력전달장치]
> 금속은 단순히 생각해 볼 때 단단한 것으로 떠오르기에 금속이
> 어떻게 유연할 수가 있어? 라고 생각할 수 있으나 이것을 전체와
> 부분에 의한 분리로 해결했다.
> ・문제 인식: 자전거 동력전달장치는 동력을 전달하기 위해서는
>   단단해야 하고 페달을 이용해 회전운동을 하기 위해서는 유연
>   해야 한다.

■ 문제 해결

> [전체와 부분에 의한 분리]
> 자전거 체인을 전체는 부드럽고 부분은
> 강하게 만들어 문제를 해결했다.

✅ 조건의 분리(separation in condition)

하나의 속성이 어떤 조건에서는 존재하고, 다른 조건에서는 존재하지 않는다. 예를 들면 물은 부드럽지만 높은 곳에서 떨어질 때는 딱딱하다.

■ 문제 찾기

> 눈이 나쁜 사람은 안경을 쓰고 있어서 자외선을 차단할 수 있는
> 선글라스를 낄 수가 없어 불편하다.
> ・문제 인식: 안경을 끼면 선글라스를 낄 수가 없다.

■ 문제 해결

> [전체와 부분에 의한 분리]
> 자외선 양에 따라 색이
> 변하는 안경을 만든다.

다음은 조건의 분리를 이용한 발명 사례다.

운.
영.
사.
례.

문제 찾기

청소기를 돌린 후 걸레질을 하려면 머리카락을 줍기가 힘들고,
머리카락을 줍고 다시 닦으려면 시간이 많이 걸린다.
・문제 인식: 걸레질을 하면서 머리카락을 줍기가 불편하다.

문제 해결

[전체와 부분에 의한 분리]
이 문제를 손쉽게 해결할 방법은 없을까?
걸레에 머리카락 줍는 장치를 만든다.

01_ 제작 동기

청소기로 청소를 하고 바닥을 걸레로 닦다 보면 머리카락들이 여기 저기 흩어져 걸레로 닦아도 머리카락은 바닥에 그대로 남아 있는 것을 볼 수가 있다. 걸레로 청소를 하면서 머리카락은 따로 줍거나 다시 청소하는 불편함을 느껴서 좀 더 쉽게 청소할 수 있는 방법을 찾다가 본 발명품을 만들게 되었다.

02_ 작품 요약

기존의 걸레 앞에 점성이 있는 롤러를 부착하여 바닥을 닦으면서 밀려다니는 머리카락을 손쉽게 주을 수 있게 만든 발명품이다.

03_ 작품 내용

1. 기존 청소기 앞에 점성이 있는 롤러를 부착했다.
2. 점성이 있는 롤러(머리카락이 잘 붙음)에 레버를 달아 밀고 필요 없을 때는 레버를 당겨 청소 걸레로만 닦을 수 있게 만들었다.
3. 롤러는 머리카락이 많이 붙으면 물에 씻어 재사용할 수 있다.

04_제작 결과

1. 기존에는 걸레질을 할 때 머리카락이 있으면 닦이지 않고 이리
   저리 밀려다니기 때문에 일일이 줍고 다시 청소를 하는 불편함
   이 있었으나 본 발명품은 걸레로 닦으면서 머리카락까지 동시
   에 처리할 수 있게 만들었다.
2. 청소를 다 하고 난 후에도 남은 머리카락을 줍느라 시간을 낭비
   하는 일이 없어 바쁜 현대인의 생활에 보탬이 되는 발명품이라
   생각한다.

※ 기존 제품과 본 발명품의 비교

구 분	기존 제품	본 발명품
바닥 청소 시	닦는 것으로 만족 머리카락 등 이물질 남음	한 번의 걸레질로 닦는 것은 물론 머리카락이나 이물질을 완벽하게 청소
모서리 청소 시	구석구석 잘 닦임	레버를 당기고 청소할 수 있어 전혀 문제가 없음
실용성	청소 후 다시 머리카락이 나 이물질을 주워야 함	한 번에 청소가 OK
창의성		기존에 각각 사용하고 있는 기계들을 하나로 만들었음 각각 이용이 가능하고 결합이 가능함
경제성		제작비용이 따로 들지 않고 청소 시 시간을 절약할 수 있음

반대로 생각하기

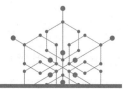

정의 　현재 사용하고 있는 물건의 모양, 크기, 방향, 수, 성질 등 무엇이든 반대로 생각하여 새로운 발명품을 만들어내는 발명 기법이다. 이것은 역발상법으로, 기존에 사용하고 있는 물건의 기능을 반대 방향에 적용하는 것도 해당된다.

| 거꾸로 가는 시계

해설

✔ 반대로 생각하기의 효과

- 고정관념을 깨뜨린다.
- 다양한 분야에 활용할 수 있다.
- 기존의 과학 원리를 이용하므로 연구 시간을 줄일 수 있다.

- 내용물을 끝까지 완전히 사용할 수 있다.
- 용도에 맞게 활용할 수 있다.

✅ 반대로 생각하기의 사례

순서	발명품	효과
1	손가락장갑 ⇨ 발가락양말	무좀 예방
2	양말 ⇨ 벙어리장갑	보온성을 높임
3	세우는 샴푸 통 ⇨ 거꾸로 세우는 샴푸 통	내용물을 끝까지 사용
4	밀어 여는 문 ⇨ 당겨서 여는 문	고정관념 깨뜨리기
5	대용량 냉장고 ⇨ 반찬 냉장고	용도에 맞게 활용
6	땅에서 도는 팽이 ⇨ 공중에서 도는 팽이	과학 원리 적용
7	일반 김밥 ⇨ 누드 김밥	신선한 느낌
8	옷 앞섶에 달린 단추 ⇨ 뒤에 달린 단추	패션의 변화
9	큰 전기밥솥 ⇨ 일인용 전기밥솥	용도에 맞게 활용
10	흰색 휴대전화 ⇨ 검정색 휴대전화	색감의 느낌
11	위에 달린 전등 ⇨ 투시 환등기	학습자료 활용
12	인장 코일 스프링 ⇨ 압축 코일 스프링	과학 원리 이용

생각.
거.
리.

반대로 생각하기의 사례

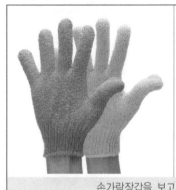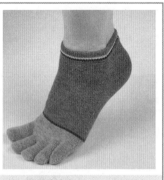

손가락장갑을 보고 만든 발가락양말

발견

정의　발견(發見, discovery)은 자연에 이미 존재하지만 아직 찾지 못하거나 알려지지 않은 사물이나 현상, 사실, 과학 원리 등을 찾아내는 것이다.

해설

◎ 발견과 발명의 차이점

구 분	발 견	발 명
정의	관찰이나 연구를 통해 아직 알려지지 않은 사물이나 현상, 사실 등을 찾아내는 것	창의적인 연구를 통해 사물이나 방법, 현상 등을 새로 만들거나 생각해내는 것
사례	공기의 성분, 물 분자의 구조, 금광, DNA 구조 등	TV, 전화기, 자동차, 컴퓨터

베이징 박물관의 가위는 700년 전에 만들어져 무덤 속에 있던 것을 발견한 것이고, 눈금과 펀치가 달린 가위는 불편함을 찾아 편리하게 사용할 수 있도록 연구하여 새롭게 발명한 가위다.

| 베이징 박물관의 700년 전 가위 | 눈금과 펀치가 달린 새로운 가위 |

에디슨의 발견과 발명

토마스 에디슨은 전구를 발명하기 전에 도선에 전류가 흐르면 열이 발생한다는 사실, 도선의 온도가 높아지면 빛이 발생한다는 사실, 산소가 없으면 도선이 타지 않는다는 사실을 발견했다. 이런 발견이 있었기에 전구의 발명도 가능했다.

전구는 1879년 에디슨과 영국의 조셉 윌슨 스완이 발명한 것으로 알려졌다. 그러나 전구의 역사는 좀 더 거슬러 올라간다. 1811년 험프리 데이비가 두 전극 사이의 방전에 따른 빛을 발견하면서부터 전구의 역사는 시작되었다. 파리의 콩코드 거리에 실험 삼아 아크등이 설치되었고, 미국에서도 실험이 진행되었다.

그러나 아크등은 너무 빨리 타버려 실용적이지 못했다. 스완은 최초로 전구를 개발했지만 전구 내부를 진공으로 유지하는 데 문제가 있었다. 결국 에디슨이 이 모든 문제를 해결하여 1879년에 40시간 동안 빛나는 탄소 필라멘트 전구 실험에 성공했고, 이듬해 1,500시간을 견디는 전구를 만들었다.

발명

정의 　발명(發明, invention)은 "창의적 아이디어로 지금까지 없던 새로운 물건을 만들거나 새로운 방법을 생각해내는 것"이다. 그리고 특허법에서는 발명을 "자연법칙을 이용한 기술적 사상의 창작으로서 고도한 것"으로 정의하고 있다.

해설 　발명은 이 세상에 없는 것을 만들거나 생각하는 것이라지만 불편한 것을 찾아 고치는 것도 발명이다. 따라서 불편한 과정을 찾아 해결하는 과정을 사례를 통해 알아보자.

✅ **사례 소개**

최근 학교에서는 선생님들의 건강과 편의를 위해 분필 대신 물 백묵을 사용하고 있다. 그러나 물 백묵의 잉크가 잘 나오지 않아 몇 번씩 물 백묵 뚜껑을 따서 칠판에 누르며 수업을 하는데, 잉크가 흥건히 흘러내리기도 하고 옷에 튀기도 한다. 따라서 물 백묵을 사용하는

선생님들은 적잖은 스트레스를 받고 있다는 말을 듣고 해결 방안을
고민하게 되었다.

문제 제시: 물 백묵이 잘 나오지 않는 원인과 해결 방안을 찾아보자.

✅ 문제 해결

물 백묵이 잘 나오지 않는 원인을 분석한 후 해결

■ 원인 탐색

1. 팔을 쭉 뻗어 높은 곳에 판서하다보면 백묵 촉 부분이 위쪽을 향하
   고 액상 잉크가 아래쪽을 향한다.
2. 액상 잉크가 밖으로 흐르는 것을 막기 위해 내부는 밀폐되어 있다.

■ 잉크가 나오지 않는 이유 [아이디어 착상 과정]

1. 높은 곳에 판서할 때 백묵 촉이 위로 가고 액상 잉크는 아래로
   밀리게 되어 잉크가 백묵 촉에 닿지 않기 때문이다. (중력)
2. 액상 잉크가 담긴 통이 밀폐되어 있어 잉크가 흘러나오면서 내부가
   점차 진공상태로 변해 백묵의 액상 잉크가 흐르지 않게 된다.

■ 해결 방법 [아이디어 착상]

1. 판서할 때는 칠판을 바닥에 놓고 쓰거나 백묵을 세워 촉이 반드시
   아래를 향하게 써야 한다.
2. 진공상태가 해제되면 잉크가 새는 문제가 발생하므로 사용할 때는

밀폐되어 있으면서 뚜껑을 따지 않고 간편하게 에어를 주입하는
방법으로 만들어야 한다.

발명의 종류

생.
각.
거.
리.

- 물건의 발명: 물건이나 물질 자체와 같이 구체화된
  형태를 가진 발명
- 방법의 발명: 제법, 용도 등과 같이 구체적인 형태는
  없으나 이용하여 편리함을 얻기 위한 발명
- 물건을 생산하는 방법의 발명: 물건을 생산하는 생산
  과정의 발명
- 시스템의 발명: 형태가 없으면서도 사무 처리의
  속도를 변화시키는 발명

발명의 과정

구분	설 명	
착상 발명	초보 단계로, 순간적으로 떠오르는 아이디어를 이용한 발명이지만 생활에 편리하게 활용된다. 십자(+)드라이버, 콜라 병, 주전자 뚜껑의 삼각 구멍, 가시철망과 같은 간단한 아이디어로 상품화하기 쉬운 것들이다.	 지우개 + 연필
응용 발명	과학 발명보다 한 단계 낮은 발명으로, 약간의 수련과 전문지식만 있으면 가능하다. 더하기 발명 기법을 응용한 발명으로, '휴대폰 + 카메라'와 같이 서로 다른 것을 합쳐서 새로운 것을 만든다.	
과학 발명	가장 고도한 발명으로 무에서 유를 창조하는 발명이다. 과학 원리를 응용하거나 복잡한 메커니즘을 통한 발명으로, 고도의 전문 지식과 수련이 필요하다.	

벤처기업

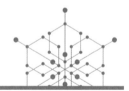

벤처기업(venture business)은 실패할 위험성은 높으나 성
공하면 큰 수익이 기대되는 첨단 기술을 가지고 소수의 사람
이 사업을 일으킨 중소기업이다. 그러나 벤처란 말은 일본식 영어로
잘못 번역되어 외국에서는 벤처기업이란 말을 벤처 캐피털로 알아듣
는 오류가 있다. 그런 오해를 없애려면 스타트업기업(startup
business)이라고 부르는 것이 좋겠다.

벤처기업은 원래 미국에서는 다른 기업보다 상대적으로 위
험성은 높으나 성공하면 수익이 보장되는 첨단 신기술 기업
이었으나, 우리나라에서는 '벤처기업 육성에 관한 특별법'에 정의 규
정을 두고 다른 기업에 비해 기술성이나 성장성이 상대적으로 높아,
정부에서 지원할 필요가 있다고 인정하는 중소기업 중 1) 벤처 투자
기업, 2) 연구 개발기업, 3) 기술평가보증 · 대출기업 중 어느 하나에
해당하는 기업을 말한다.

✅ 창업 시 세금 지원 내용

창업한 중소기업에 대해서 창업을 쉽게 할 수 있도록 설립에 필요한 각종 세금을 지원해 주어 창업 활성화에 도움을 주는 제도다.

구 분	지원 내용
법인세(소득세) 감면	· 수도권 과밀 억제 권역 외의 지역에서 창업한 중소기업 등에 대하여 창업 후 소득 발생 연도부터 4년간 매년 납부할 법인세(소득세)의 50%가 감면된다.
등록세 면제	· 창업일로부터 2년 내 취득한 사업용 재산에 대해 등록세가 면제된다. · 창업 중소기업의 법인 설립 등기에 대한 등록세가 면제된다. (창업 중에 벤처기업으로 확인받은 경우 6월 내 행하는 법인 설립 등기 포함)
취득세 면제	· 창업일로부터 2년 내 취득한 사업용 자산에 대해 취득세가 면제된다.
인지세 면제	· 창업 후 2년간 금융기관의 융자 관련 문서에 대해 인지세가 면제된다.
재산세 감면	· 창업 후 5년간 재산세 50%가 감면된다.
창업 기업 투자에 대한 소득 공제 등	· 중소기업 창업 투자 조합 및 기업 등에 출자한 금액의 15% 소득 공제 · 벤처기업에 출자한 주식을 5년 이상 보유하다가 양도하는 경우 양도세 비과세

불편한 것을
고치는 발명

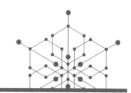

| 정의 | 기존의 고정관념을 깨고 상상을 현실로, 불편함을 편리함으로 바꾸는 발명 기법이다. |

해설

✔ 불편함을 바꾸는 발명의 효과
- 편리하게 생활할 수 있다.
- 할 수 있다는 자신감이 생긴다.
- 도전정신이 생긴다.

| 발명품 예시 |

순 서	발 명 품	효 과
1	마쓰시타의 쌍소켓	동시에 두 가지 일을 한다.
2	통조림 따개 ⇨ 원터치 캔	편리하고 안전하게 한다.
3	줄이 긴 줄 ⇨ 길이 조절용 줄	사용이 편리하다.
4	물속에서 못 사는 사람 ⇨ 잠수함	과학 원리를 이용
5	매기 힘든 운동화 끈 ⇨ 매직테이프	생활을 편리하게 한다.
6	멀티 탭 전선의 정리 ⇨ 전선정리기	생활을 편리하게 한다.

✅ 6번의 '멀티 탭 전선의 정리' 발명품과 작품 설명서

멀티 탭에 많은 전기 플러그들이 연결되어 복잡한 것을 보고 쉽게
정리할 수 있는 전선정리기를 만든 것이다.

복잡한 멀티 탭 전선을 쉽게 정리하는 **전선정리기**

01_ 제작 동기

전기 작업 중 전선이 짧아 콘센트를 연결하여 사용하려고 보니
피복선이 벗겨지고 전선이 한 데 엉켜 선을 찾는 데 애를 먹었다.
그래서 좀 더 오래 보관해도 피복선이 벗겨지지 않고 전선을 간편
하게 정리할 수 있는 콘센트를 만들 생각에 이 발명품을 만들었다.

02_ 작품 요약

멀티 탭의 몸통에 절연 전선 또는 코드를 감아서 휴대에 편리하고
보관이 간편하도록 한 발명품이다.

03_ 작품 내용

멀티 탭 밑 부분에 여분의 전선을 정리할 공간과 전선을 감는 장치
를 만든다. 수동으로 회전시켜 전선을 감는 장치로 전선을 깔끔하
게 정리할 수 있다.

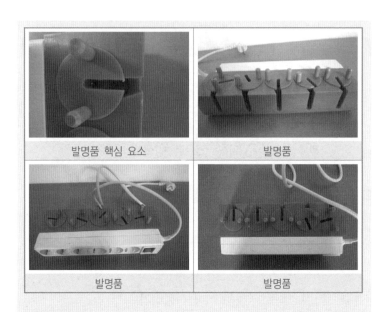

발명품 핵심 요소	발명품
발명품	발명품

04_ 제작 결과

1. 절연 전선을 멀티 탭의 몸통에 감아 들어가게 하여 전선 정리가 깔끔하다.
2. 전선이 엉키고 피복이 벗겨지는 일이 없어 사용하기에 편리하다.
3. 전기 안전사고를 예방할 수 있다.

※ 기존 제품과 본 발명품의 비교

구 분	기존 제품	본 발명품
경제성	비교 불가	전선을 엉키지 않게 하여 누전이나 감전 사고를 예방하여 병원비 등을 절약할 수 있다.
창의성	비교 불가	전선을 멀티 탭의 몸통에 감을 수 있게 한 새로운 발명품이다.
실용성	비교 불가	무선이 아닌 대부분의 가전제품에 적용할 수 있는 실용성이 뛰어난 제품이다.

채륜의 종이 발명

서기전 3000년, 이집트인들은 나일 강 주변에 자라는 파피루스의 줄기를 기록하는 데 썼다. 갈대와 비슷한 파피루스 줄기를 납작하도록 두들겨 펴서 접착제로 이어붙인 것이었다. 그 무렵 메소포타미아에서는 찰흙을 다진 점토판에 나무막대로 글자를 썼는데, 글자의 형태가 제한되어 불편했다.

"오, 이 파피루스에는 어떤 글자라도 다 쓸 수 있겠어."

"그래, 점토판보다 훨씬 낫군."

그렇게 파피루스는 유럽 각지로 퍼져 나갔다. 그 무렵 동양에서는 전혀 다른 차원의 기록 도구가 출현하고 있었다. 붓이 발명되고, 옻이 발견되면서 대나무나 나무에 붓으로 글씨를 쓸 수 있었다. 그러다가 비단에 글씨를 쓰는 방법이 고안되었다.

중국은 서기전 2세기경 대륙을 통일한 한 제국의 성립으로 수백 년간 평화가 지속되어 문화가 발달했다. 문화가 발달하자 문자도 진보했다. 그 문자가 바로 한자(漢字)다.

1세기경, 후한(後漢)의 관리 채륜은 궁중 물품의 출납을 감독하는 직책에 있었다.

'경비를 절약해야 하는데, 글자를 쓰는 비단 값이 너무 비싸서 걱정이다. 무슨 좋은 수가 없을까?'

채륜은 비단을 짤 때 나오는 지스러기를 다듬어 쓰거나 나무껍질을 물에 불려 잘 펴서 쓰는 것 등도 관찰했다. 하지만 그것들 모두 글씨를 쓰기에는 불편했다.

채륜은 정원을 거닐며 깊은 생각에 잠겨 있었다. 그때 어디선가 벌의 날갯짓 소리가 들려와 그의 사색을 방해했다.

'오라, 너희가 집을 짓느라고 이리 요란하구나.' 그는 호박벌이 집을 짓는 광경을 유심히 살펴보며 생각에 잠겼다. '입에서 액체를 내어 나무껍질을 반죽하는구나. 얇고 백색이라, 글씨를 써도 좋겠는걸!'

채륜은 돌절구에 닥나무 껍질, 비단, 그물의 지스러기 등을 넣어 물에 불려서 찧고, 다시 풀어서 흐물흐물하게 만들었다.

그것을 짜서 말리면 백색의 덩어리가 되는데, 그대로 널빤지에 얇게 펴서 말렸더니 부드럽고 하얗게 되었다.

"폐하, 이것을 보시옵소서!"

"오, 채륜! 참으로 놀랍소. 이 종이를 '채후지(蔡候紙)'라 하고, 조정에서 쓰도록 하시오."

채후지는 곧 한나라에 널리 퍼졌지만 오래되면 변색되거나 좀이 생겨 구멍이 나고 너덜너덜해지기도 했다. 6세기경, 종이의 원료에 수지나 나무껍질을 섞어 좀이 생기는 것을 막는 연구가 진행되었다.

우리나라에서는 4세기경 삼국 시대에 제지술이 전해졌고, 7세기경에는 고구려의 승려 담징이 일본에 전했다. 751년 고선지 장군이 이끌던 당나라군과 사라센 군이 탈라스 강변에서 전투를 벌였는데, 상당수의 당나라 병사가 포로로 잡혀갔다. 사라센은 사마르칸트에 제지 공장을 세우고 당나라 포로들에게 종이를 만들게 했다. 페르시아도 중국의 제지 기술자를 불러들여 종이를 생산했고, 프랑스를 비롯한 유럽 여러 나라에도 종이 공장이 세워졌다. 1250년경 유럽에서 활판 인쇄술이 발달하고 석판 인쇄가 발명되자 더 좋은 질의 종이를 필요로 하게 되었다. 1690년 네덜란드에서 종이 원료인 섬유를 갈아서 으깨는 방법이 발명되면서 종이를 대량생산할 수 있게 되었다. 1770년 영국의 와트만이 이 기계를 계량하여 도화지를 만들었고, 1860년 독일의 켈러는 목재를 가공하여 만든 섬유 즉 펄프를 발명하여 종이 제조의 신기원을 열었다.

왕연중, 『재미있는 발명 이야기』 중에서

브레인라이팅

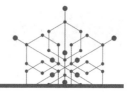

정의 브레인라이팅(brain writing)은 머릿속에 떠오른 아이디어를 종이에 적어내는 아이디어 발상 기법으로, 조용한 분위기에서 차분하게 생각하며 자유롭게 아이디어를 낼 수 있는 브레인스토밍의 기법의 일종이다. .

해설 브레인 라이팅 기법의 목적은 브레인스토밍처럼 다양한 문제 해결 아이디어를 얻는 것으로 질보다 양을 중시하고, 절대 다른 사람의 의견을 비판하지 않아야 하며, 다른 사람의 의견을 참고하여 더 좋은 아이디어를 제출하도록 하는 발명 기법이다.

| 브레인라이팅 진행 과정 |

진행 순서	구 분	설 명
1	모둠 구성	4~6명을 모둠으로 구성하고 사람들에게 빈 용지를 배분한다.
2	문제 작성	빈 용지 상단에는 해결해야 할 문제를 기록한다.
3	아이디어 작성	5분 동안 첫줄에 문제 해결 아이디어를 3개씩 적는다.
4	용지 전달	시계 방향으로 옆 사람에게 용지를 전달하고 다른 사람의 기록지를 들고 온다. 가지고 온 기록지의 두 번째 줄에 기존 것을 참고하여 자신의 아이디어 3개 정도를 기록한다. 아이디어가 떨어질 때까지 용지에 아이디어를 이어서 적는 것을 계속한다. (반복)
5	작성 완료	참여자의 아이디어가 떨어지면 작성을 중지하고 용지를 모은다.
6	아이디어 기록	중복된 아이디어를 제외한 모든 아이디어를 모아서 기록한다.

가위와 펀치가 **하나로**

01_ 제작 동기

학교에서 나눠준 시험지를 정리하면서 묶으려고 할 때 펀치가 있었으면 좋겠다는 생각을 했고, 이때 옆에 있는 가위를 보고 가위와 펀치를 하나로 만들면 좋겠다는 생각이 들어 본 발명품을 제작하게 되었다.

02_ 작품 요약

가위의 지렛대 원리를 이용하여 가위의 손잡이 부분에 펀치를 접목시킨 더하기 기법을 이용한 발명품이다.

03_ 작품 내용

1. 가위 손잡이 부위를 이용하여 한쪽에는 펀치를 달고 또 다른 한쪽은 스크랩이 빠져나올 수 있게 철판에 구멍을 냈다.

2. 종이에 펀치로 구멍을 뚫을 때 부상 방지를 위해 안내 가이드를 설치했다.
3. 종이 스크랩이 빠져나올 수 있게 했다.

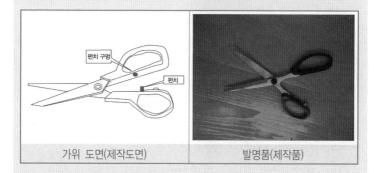

| 가위 도면(제작도면) | 발명품(제작품) |

04_제작 결과

1. 가위와 펀치가 하나로 되어 있어서 따로 따로 준비할 필요가 없다.
2. 가위에 펀치를 달아 함께 사용해 1석 2조의 효과가 있어 실용적이고 경제적인 작품이라 생각한다.

※ 기존 제품과 본 발명품의 비교

구 분	기존 가위	본 발명품
경제성	비교 불가	가위와 펀치를 따로 구입하지 않아서 경제적이다.
창의성	비교 불가	지렛대의 원리를 이용하여 발명의 더하기 기법을 접목시킨 새로운 발명품이다.
실용성	비교 불가	가위와 펀치는 종이를 오리거나 구멍을 낼 때 사용하는 것이므로 두 가지를 동시에 가지고 있다는 자체는 활용도가 높다는 것을 의미하며 실용적인 발명품이다.

브레인라이팅 기법의 장·단점

브레인스토밍 기법은 짧은 시간에 많은 아이디어를 얻기 위해 자유로운 토론으로 많은 사람의 아이디어를 이끌어내는 기법이다. 그런데 이 기법은 몇몇 발표자가 회의를 주도할 수 있고 발표를 하는 것이 익숙하지 않은 사람들은 회의에서 의견을 내놓지 않는 경우도 있게 된다. 또한 회의가 과열되다 보면 큰소리로 발언하는 사람들 때문에 차분하게 생각하기 어려운 단점도 있다.

브레인라이팅 기법은 이러한 단점들을 보완해 만든 기법이다. 이기법은 각자 침묵 속에서 진행하기 때문에 개별 사고의 특징을 최고도로 살릴 수 있는 집단 발상법이다.

다만, 브레인스토밍보다 자발성이 떨어질 수 있고 글을 쓰는 것 자체를 두려워하는 사람이 대다수라면 효율적이지 못하다. 또 의견이 비슷해질 수 있으므로 최대한 다른 의견을 내려는 노력이 필요하다.

브레인스토밍

정의 브레인스토밍(brainstorming)의 원래 의미는 "정신병 환자의 두뇌가 미친 상태"인데, "여러 사람이 모여 토론할 때 적용하는 기법"을 뜻하게 되었다. 토론 중 서로 반대를 위한 반대를 막으면서 자유롭게 의견을 낼 수 있도록 하여 집단의 효과를 살리고 아이디어의 연쇄반응을 얻을 수 있는 회의 진행 기법이다.

해설 브레인스토밍은 알렉스 오스본(Alex F. Osborn)이 창안한 회의 기법이다. 광고 책임자로 있던 오스본은 자신이 주재하는 회의에서 부서 간의 지나친 경쟁으로 반대를 위한 반대가 난무하여 생산적인 토론이 불가능해지자 이에 실망하여 이 기법을 착안했다. 누가 어떤 의견을 내놓든 아무도 반대 의견을 말하지 못하게 한 기법이라서 처음에는 'NO-NO 기법'으로 불리기도 했다.

✔ 브레인스토밍을 잘 하기 위한 4가지 규칙

① 비판 금지: 비판을 하지 않으면 더 많은 아이디어를 얻을 수 있다.

② 자유분방: 자유분방한 분위기를 조성하여 파격적인 아이디어를 얻는다.

③ 질보다 양: 아이디어는 많을수록 좋다.

④ 아이디어 편승: 남의 아이디어에 자신의 아이디어를 편승해도 좋다.

✔ 브레인스토밍 추진 방법

구성 인원은 5~7명이 적당하고 10명을 넘지 않도록 한다. 몇 개조를 구성하여 경쟁이 이루어지도록 하면 더 효과가 있다. 같은 팀에 다양한 분야의 전문가들 또는 남녀노소가 섞이도록 하는 편이 기발한 아이디어를 얻을 가능성이 높다.

✔ 사회자의 역할

사회자는 구성원의 발언을 정리하여 그룹 분위기를 창의적인 방향으로 유도한다.

사회자의 진행 요령은 6가지로 정리할 수 있다.

1. 비판하는 사람에게는 재치 있게 주의를 준다.
2. 발언이 적은 사람에게는 발언 기회를 준다.
3. 하나의 포인트에만 집중하지 않도록 신경을 쓴다.
4. 진행 중에 아이디어가 나오지 않을 때는 힌트를 준다.
5. 분위기를 고조시키는 방법을 연구한다.
6. 농담과 웃음을 장려한다.

✔ 사회자로서 좋은 아이디어를 구분하는 방법

• 도출된 순서대로 목록을 만든다.

- 가볍게 목록을 보고 도출된 아이디어를 접목시킬 수 있는 방법을 생각해 새로운 항목별 리스트를 만든다.
- 작성된 리스트를 콘셉트에 따라 다시 정리한다.
- 최상의 아이디어를 찾을 때는 직관을 사용한다.
- 최종 선택한 최상의 아이디어에 초점을 맞춰 브레인스토밍을 통해 선택한다.

✅ 아이디어 구상 과정

① 아이디어의 주제를 선정한다.
② 아이디어를 자유롭게 발표한다.
③ 아이디어를 콘텐츠별로 구분하여 정리한다.
④ 토의를 통해 실현 가능하고 효과가 뛰어난 아이디어를 도출한다.
⑤ 최종 아이디어를 선정하고 구체화하여 문제를 해결한다.

성공하는 브레인스토밍 분위기

[사회자] 오늘은 플래시(flash)에 관한 아이디어를 내주시기 바랍니다. 토론할 때는 반드시 네 가지 규칙을 지켜주십시오.
(참여자들이 생각할 시간을 주고 발표를 시킨다.)

[참석자 1] 사방으로 빛이 나오는 플래시가 있으면 좋겠습니다.
[참석자 2] 자동차 라이트를 플래시로 사용하면 좋겠습니다.
[참석자 3] 플래시를 등으로 사용하면 좋겠습니다.
[참석자 4] 배터리가 필요 없는 플래시가 있으면 좋겠습니다.

이 밖에도 많은 아이디어가 쏟아져 나오고 기발한 아이디어에 모두들 손뼉을 치며 웃음을 터뜨리고 흥미를 갖게 되면 회의는 성공이다.

운영사례.

다음 사례는 "자동차 라이트를 플래시로 사용하면 좋겠다"는 브레인 스토밍에서 나온 의견을 받아 제작한 발명품이다. 이 발명품으로 전국학생발명품 경진대회에 참가하여 좋은 결과를 얻었다.

자동차 라이트의 변신 **플래시가 달렸어요**

01_ 제작 동기

아빠와 함께 여행 중 자동차가 고장이 나서 무척 당황했던 경험과, 주위가 너무 어두워 지척을 분간할 수 없는 상황에서 플래시가 없어 난감하여 자동차 라이트를 자유롭게 움직일 수 있다면 좋겠다는 생각에 본 발명품을 만들게 되었다.

02_ 작품 내용

평소에는 안개등으로 사용하고 어두운 곳에서 물건을 찾거나 작업을 할 때 안개등을 탈부착이 가능하게 하여 자유롭게 움직일 수 있도록 길게 배선을 늘려 원하는 어느 곳이든 비출 수 있게 한 발명품이다. (안개등의 연결 전선은 청소기 전선처럼 한 번 당기면 늘어나고 버튼을 눌러서 감길 수 있게 만들었다.)

03_ 제작 과정

1. 자동차 전면 모형을 제작
2. 안개등은 탈부착이 가능하도록 제작
   (평상시나 운행 시 분리되지 않도록 홈을 활용)
3. 안개등이 길게 늘어날 수 있도록 감김 장치가 있는 긴 전선을 연결(청소기 전선처럼 필요할 때 전선을 길게 늘여서 사용하고 자동으로 줄 감김 가능)

4. 평상시 안개등으로, 비상시 플래시 대용으로, 야외활동 시 전등
   대용으로 활용

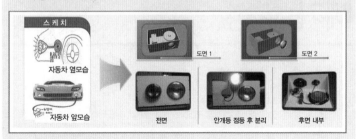

04_결론

1. 야유회, 캠핑 등 야외활동 중에 전등이나 플래시 대용으로 안개
   등을 활용할 수 있다.
2. 물건을 분실했을 때 기존 플래시보다 훨씬 밝은 자동차 라이트
   를 활용해 물건을 찾을 수 있다.
3. 안개등을 사용할 때 안개등 탈부착을 쉽게 하고, 전선은 쉽게
   풀리고 감기도록 만들어 편리하게 한다.
4. 야간에 어두운 곳에서 자동차가 고장이 나거나 자동차를 수리
   해야 할 때 장소에 구애받지 않고 수리가 가능하다.

빼기 발명

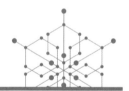

정의   기존의 물건에서 부품이나 기능 또는 내용을 빼내어 새로운 물건이 되게 하는 발명 기법이다.

ㅣ다리를 뺀 의자

ㅣ날개 없는 선풍기

해설   전에 한 전자회사는 TV에 'TANK' 광고를 내보냈다. 해당 전자제품의 부품을 획기적으로 줄여 고장률을 크게 낮춤으로써 탱크처럼 튼튼하다는 의미로 만든 광고다. 이것도 빼기(−) 기법을 적용한 제품이다. 빼기(−) 발명은 이처럼 이미 있는 데서 일부를 없앰으로써 새로운 효과가 나도록 하거나 변함이 없도록 하는 것이다. 예를 들면 설탕을 빼고 만든 무설탕 껌, 튜브를 없앤 자동차 타이어, 전선의 불편함을 해소한 무선 전화기, 무선 다리미, 무선 전동 드릴, 무선 인터넷 등이 빼기 발명에 해당된다.

그러나 무조건 빼내고 떼어낸다고 해서 다 발명이 되는 것은 아니다. 제품의 일부를 제거하더라도 다른 문제를 일으키지 않고 오히려 성능이 좋아지거나 디자인이 새로워져야 발명이라고 할 수 있다.

✅ 빼기 발명의 효과

① 기능을 단순화하여 고장을 줄일 수 있다.
② 재료를 절약하여 원가를 절감할 수 있다.
③ 부피를 줄여 가볍게 할 수 있다.
④ 기능을 단순화하여 사용을 쉽게 할 수 있다.

발.
명.
사.
례.

- 텔레비전: 두꺼운 브라운관 ➪ 점점 얇아져 벽걸이 텔레비전 탄생
- 전화기: 유선 전화기 선 제거 ➪ 무선 전화기에서 휴대폰으로 진화
- 카메라: 필름 촬영 카메라 ➪ 메모리 카드 저장 디지털 카메라
- 선풍기: 날개 회전 선풍기 ➪ 날개 없는 선풍기로 안전성을 높임
- 다리미: 유선 다리미 ➪ 무선 다리미
- 껌: 설탕이 많이 들어간 껌 ➪ 당 성분이 적은 무설탕 껌
- 마우스: 유선 마우스 ➪ 무선 마우스

| 뒤가 튀어나온 모니터 | UHD TV 모니터 |

다음 작품은 빼기 기법을 활용해 만든 발명품으로, 선풍기의 날개를 빼서 없애고 히터를 장착하여 하나를 두 개로 활용할 수 있게 만든 것이다.

선풍기의 변신 **선풍기 히터**

01_ 제작 동기
찬바람만 불면 집안의 모든 선풍기를 비좁은 내 방에 갖다 쌓아두는 것이 싫어서 선풍기의 사계절 활용 방법을 궁리하다가 이 발명품을 만들게 되었다.

02_ 작품 요약
여름철이 지나 선풍기를 사용하지 않게 되면 선풍기의 헤드 부분만 떼어 보관하고 그 대신 히터를 장착하여 겨울철에도 따로 보관할 필요 없이 계속 사용할 수 있게 만든 발명품이다.

03_ 작품 내용
1. 선풍기에 부착할 히터의 헤드 부분을 제작한다.
2. 스탠드와 연결 잭을 만든다.
3. 여름철엔 프로펠러, 겨울철엔 히터를 연결할 수 있게 만든다.
4. 헤드 부분만 보관하면 되므로 간편하다.

| 선풍기 | 히터 | 선풍기 히터 발명품 |

04_제작 결과

1. 스탠드 하나로 선풍기와 히터를 번갈아 사용함으로써 공간을 더 넓게 사용할 수 있어 효율적이고, 수출도 가능할 것으로 생각한다.
2. 스탠드 하나로 두 가지 기능을 사용할 수 있어 경제적이라고 생각한다.
3. 교체가 간편하여 누구나 쉽게 사용할 수 있다.

사투상도

정의 사투상도(斜投象法, oblique projection drawing)는 물체의 특징이 잘 나타는 곳을 정면으로 잡아 정면을 실물과 같은 모양으로 그리고, 안쪽 모서리를 일정한 각도로 기울여서 윗면과 옆면이 경사지게 나타나도록 그리는 입체 투상도다. (일반적인 사투상도를 그릴 때는 경사각을 30° 45° 60°로 잡는다.)

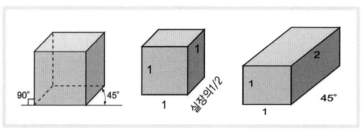

| 일반 사투상도로 그린 도면

해설 물체의 특징을 정확하게 표현할 수 있는 그대로 나타내므로, 물체의 모양과 크기를 정확하게 표현할 수 있는 것이 특징이다. 따라서 제품을 만들기 위한 도면인 작도를 작성할 때나 구상도를 그릴 때 입체 투상도와 함께 많이 사용한다.

특히 사투상도는 정면의 모양이 실물과 같아 한 면만을 정확하게 표시할 수 있으며, 주로 건축, 기계, 그릇 등의 상상도, 설명도 등에 많이 쓰이고, 사투상도를 그릴 때에도 45° 사선의 방향을 달리하여 한 물체를 여러 방향으로 나타낼 수 있다.

| 사투상도를 그리는 순서 |

도면 그리기	설 명
1단계	물체의 특징이 가장 잘 나타나는 곳을 정면으로 잡아 실제의 모양으로 그린다.
2단계	각 꼭짓점에서 기준선과 일정한 각도를 이루는 빗금을 나란히 그은 다음, 이 선 위에 물체의 안쪽 길이를 실제의 1/2로 줄여서 그린다. 일정한 각도는 일반 사투상도는 30, 45, 60도이고 특수 사투상도는 각도로 그릴 때는 다르게 할 수 있다.
3단계	물체의 세부적인 부분을 그린 다음, 불필요한 선을 지우고 외곽선을 굵게 그어 사투상도를 완성한다.

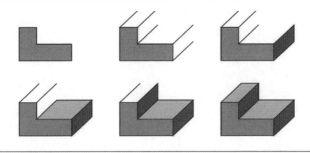

| 도면을 그리는 순서 |

순 서	설 명
1단계	• 기준선을 긋는다
2단계	• 물체의 치수를 옮긴다.
3단계	• 겉모양을 나타낸다.
4단계	• 물체의 모양을 나타낸다.
5단계	• 필요한 선만 굵게 긋고 나머진 지운다.

산업재산권

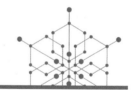

정의 산업재산권(産業財産權, industrial property)은 지식재산권
의 하나로, 우리 생활과 산업에 관련된 발명이나 창작의 결
과물로 널리 산업에 이용되는 무형의 재화에 대하여 별도의 재산권
으로 보호하는 권리를 말한다.

해설 지식재산권은 산업 발전을 목적으로 하는 산업재산권(특허,
실용신안, 디자인, 상표)과 문화 창달을 목적으로 하는 저작
권, 그리고 급속도로 발전하는 컴퓨터 산업 등의 확장에 따라 신지식재
산권(컴퓨터 프로그램, 반도체 집적회로의 배치 설계, 영업 비밀, 생명
공학 기술, 산업 정보 저작물 등)을 포함하여 확대 분류되어 있다.
특히 지식재산권은 지적 창작물을 보호하는 무체재산권이며, 그 보호
기간이 한정되어 있다.
(산업재산권과 저작권의 권리 내용 및 권리 존속 기간은 65쪽 참조.)

반디 라이트 펜

김동환 사장은 퇴근길에 하필 경찰서 앞에서 신호를 위반하여 스티커를 발부받았다. 그때 경찰관이 턱과 어깨 사이에 플래시를 힘겹게 끼우고 스티커를 발부하는 모습을 본 그는 좀 더 편하게 스티커를 발부하는 방법은 없을까 궁리하게 되었다. 쥐가 고양이 생각해주는 격이라 피식 웃음도 났다. 경찰관의 플래시 생각을 달고 다니는데 문득 만년필 모양으로 생긴 플래시가 생각났다. 그래서 그 작고 가는 플래시와 볼펜을 묶어 어두운 곳에서 사용해 보니 아주 편리했다. 김 사장은 그것을 토대로 끈질기게 연구를 거듭한 끝에 어두운 곳에서도 사용할 수 있는 발광다이오드 볼펜을 개발하여 '반디 라이트 펜'이라고 이름 지었다.

김 사장은 그 볼펜을 들고 경찰서를 다니며 홍보한 끝에 전국 교통경찰에 보급하게 되었다. 더구나 그 볼펜은 해외에까지 알려져 수출까지 하게 되었다. 그러나 호사다마(好事多魔)라고, 국내외에서 짝퉁 '반디 라이트 펜'을 만들어 헐값에 파는 업자들이 생겨나 사업에 적잖은 타격을 입었다.

사업에는 3S가 있다. 샘플(sample)을 많이 만들고, 세미나(seminar)를 자주 열고, 스캔들(scandal)이 일어나길 기다리라는 말이다. 앞의 2S는 인위로 만들 수 있지만 그럴 수 없는 1S 즉 스캔들이 국내외에서 자연스럽게 일어나는 것이 전화위복(轉禍爲福)이다.

사업에서 가장 중요한 것은 특허 등록이다. 독일의 사업가는 95%가 특허 등록을 하고 사업을 하는 데 비해 한국의 사업가는 95%가 특허 등록을 하지 않은 채 사업을 한다는 것이다. 그러나 다행히도 김 사장은 특허 등록을 해놓은 덕분에 스캔들이 오히려 더 큰 사업 기회를 가져다주었다. 국내 모 문구사는 반디 라이트 펜을 무단으로 복제해 팔다가 2억 원을 배상해야 했고, 미국의 월트디즈니는 반디 라이트 펜의 권리를 침해한 대가로 반디 라이트 펜을 홍보하는 영화를 제작하여 전 세계에 보급하면서 그 영화를 보는 모든 관객에게 반디 라이트 펜을 하나씩 선물로 주어야 했다.

반디 라이트 펜은 2002년에 그 볼펜 하나로 600억 원의 매출을 올려 기네스북에 올랐다.

글_전인기

상표

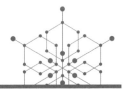

정의 상표(商標, brand)는 자타의 상품을 식별하기 위해 상품에 부착하는 표장으로, 상품의 동일성을 표시하는 기능을 가진 것이다.

해설 brand(상표)는 burn(태우다)과 어원이 같다. 이는 "(달구어) 지진다"는 뜻으로, 자기의 가축을 이웃의 가축과 구별하기 위해 소나 말 등 가축의 엉덩이에 불도장을 찍는 노르웨이의 고어 'brandr'에서 유래한다.

고대 로마 제국은 많은 식민지를 거느렸는데, 식민지들은 본국의 통제가 느슨해진 틈을 타 폭동이나 반란을 일으키곤 했다. 로마 정부는 이를 예방하기 위해 폭동이나 반란에 연루된 죄인의 얼굴에 죄명을 인두로 지져 새겼는데, 이 형벌을 'burn'이라 했다고 전한다. 영어로는 brand다.

시대가 바뀌어 국제무역이 활발해지면서 brand는 비즈니스 용어로 사용되기 시작했다. 무역 상품을 나무상자에 넣어 배에 싣고 나면 누구의 물건인지 구분할 수 없게 되자 그것을 구분하기 위해 제조회사나 사업주의 이름을 나무상자에 인두로 지져 새겼는데, 그것이 바로 brand다. 그리하여 brand는 자연스럽게 회사 상호나 등록 상표를 뜻하게 되었다.

✔ 상표법상 상표의 개념

사회적 사실로서의 상표는 자타 상품을 식별하기 위해 사용하는 일체의 감각적인 표현 수단을 의미하지만 이러한 표장을 모두 법률로 보호하는 것은 어렵기 때문에 상표법에서는 보호가 가능한 상표의 구성 요소를 제한하고 있다.

종전에는 기호, 문자, 도형, 입체 형상 또는 이들을 결합한 것과 이들 각각에 색채를 결합한 것만으로 상표의 구성 요소를 한정했으나 2007년 7월부터는 상표권의 보호 대상을 확대하여 색채 또는 색채의 조합만으로 된 상표, 홀로그램 상표, 동작 상표 및 그 밖에 시각적으로 인식할 수 있는 모든 유형의 상표를 상표법으로 보호할 수 있도록 했다.

✔ 상표 제도의 목적

상표를 보호함으로써 상표 사용자의 업무상의 신용 유지를 도모하여 산업 발전에 이바지함과 아울러 수요자의 이익을 보호함을 목적으로 한다. (상표법 제1조)

✅ 상표의 기능

구 분	내 용
자타 상품의 식별 기능	자타의 상품을 구분함으로써 식별할 수 있도록 하는 기능이다.
출처 표시 기능	동일한 상표를 표시한 상품은 동일한 출처에서 나온다는 것을 수요자에게 나타내는 기능이다.
품질 보증 기능	동일한 상표를 표시한 상품은 그 품질이 동일한 것으로 수요자에게 보증하는 기능이다.
광고 선전 기능	상표의 상품에 대한 심리적인 연상 작용을 동적 측면에서 파악한 것으로, 상품 거래 사회에서 판매 촉진 수단으로써의 상표 기능이다.
재산적 기능	상표가 갖는 재산적·경제적 가치로서의 기능으로, 상표의 재산적 기능은 상표권의 자유 양도 및 사용권 설정 등을 통해 구현된다.

✅ 상표 출원 등록 절차

상표 등록 출원 ▶ 방식 심사 ▶ 실제 심사 ▶ 출원 공고

상표권 ▶ 설정 등록 ▶ 등록 결정 ▶ 이의 신청(거절)

우리나라의 상표 제도

생.각.거.리.

상표는 예전에 장인(匠人)들이 자신의 생산품에 이름이나 표식을 새긴 데에 기원이 있다. 하지만 당시의 상표는 '실명 제작 표시'의 소박한 형태로, 오늘날의 상표와는 그 의미가 크게 달랐다. 우리나라의 상표 제도는 1908년에 공포된 '한국상표령'에서 시작되었다. 1946년에 '상표법'이 제정·공포되면서 상표 제도의 체계를 갖추게 되었다.

✅ 발명 아이디어를 발명품으로 만든 사례

태양 크기 측정 장치

01_제작 동기
학교 교육에서 태양의 크기 측정 실험을 하는데 실험 기구가 없어서 1m 자와 종이를 이용해 태양의 크기를 적당히 측정하는 것이 불편해 보여 이 발명품을 만들게 되었다.

02_작품 요약
삼각형의 닮음 원리를 이용하여 태양의 크기를 정확하고 간단하게 측정할 수 있는 발명품이다.

03_작품 내용
1. 태양의 지름을 정확하고 간편하게 측정할 수 있다.
2. 바늘구멍에서 태양까지의 거리를 간편하고 정확하게 측정할 수 있다.

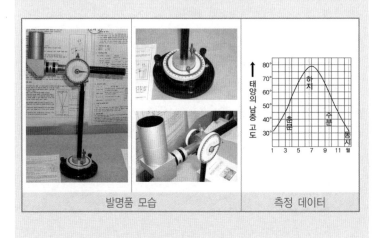

발명품 모습	측정 데이터

3. 태양의 고도와 방위각 측정이 동시에 이루어질 수 있게 한다.
4. 기존의 기자재를 활용하여 태양의 크기와 황도를 측정하고 결과물을 제작할 수 있게 한다.

04 제작 결과

1. 삼각형의 닮음 원리를 이용하여 태양의 크기를 정확하고 간단하게 측정할 수 있었다.
2. 측정 과정을 더욱 쉽게 확인할 수 있어 수학의 원리를 이해할 수 있었다.
3. 태양의 크기를 측정하면서 동시에 태양의 고도와 방위각을 측정할 수 있고 월·일·시간대별로 태양의 고도와 방위각을 측정하여 태양의 움직임(황도)도 정확히 관찰할 수 있어 우주에 대한 이해와 학습의 효과를 높일 수 있었다.

※ 기존 제품과 본 발명품의 비교

구 분	현재의 실험 방법	본 발명품
태양의 상	상의 측정이 부정확하고 상이 희미하다.	상이 뚜렷하고 정확하다.
거리 측정	불편하고 부정확하다.	간편하고 정확하다.
방위각 고도	측정이 안 된다.	간편하게 측정 가능하다.
실험 과정	복잡하고 시간이 오래 걸린다.	간편하고 단시간에 이루어진다.
준비물	준비물 준비에 시간이 낭비된다.	측정 준비가 따로 필요 없다.
사용 범위	중학교 과학	초·중·고 과학

속성 열거법

정의 속성 열거법(屬性列擧法, attribute listing)은 문제의 속성(모양, 크기, 색깔, 특성 등)을 가능한 한 잘게 나누어서 열거해 봄으로써 기존의 개념이나 원리와는 다른 새로운 아이디어를 창출하는 발명 기법이다.

| 속성 열거법의 예 |

자전거	명사형	· 바퀴 · 페달 · 체인 · 안장 · 브레이크 · 핸들 · 포크 · 흙받기
	형용사형	· 신난다 · 빠르다 · 힘들다 · 위험하다 · 시원하다 · 행복하다
	동사형	· 미끄러진다 · 탈 수 있다 · 이동한다 · 넘어진다

해설 1930년대 미국의 네브래스카 주립대학의 로버트 크래포드 (Robert Craford) 교수가 개발한 기법으로, 팀원들이 아이디어를 내지 못할 때나 아이디어가 한편으로만 치우칠 때 균형을 잡고 새로운 아이디어가 나오도록 유도하기 위해 사용하는 아이디어 창출 기법이다.

✅ 속성 열거법의 3가지 특성
1. 명사적 특성: 물질, 전체, 부분, 재료, 제조 방법, 물리적 특성
2. 형용사적 특성: 성질, 크기, 모양, 색, 맛, 무게
3. 동사적 특성: 그 물건이 가진 기능, 작용 등으로 열거하면 효과적

✅ 속성 열거법의 적용 방법
속성 열거법은 혼자서도 할 수 있고 팀이 모여 할 수도 있는데, 사용 절차는 다음과 같다.
1. 주어진 문제를 정확히 파악한다.
2. 문제를 잘 분석하여 그 대상의 속성을 가능한 자세하게 나누어서 기술한다.
3. 열거한 속성들 중에서 문제를 한 번에 하나씩 꺼내어 검토하고 개선 방법을 생각하고 아이디어를 찾는다.
4. 새로운 아이디어들을 평가하여 그중 좋은 것을 고른다.

속성 열거법의 이해

방이 많은 집을 수리한다고 생각하면, 여러 개의 방으로 집이 이루어지지만 우리는 '여러 개의 방으로 이루어진 건물'이라는 관념 대신에 '집'이라는 관념을 가지고 있다. 그러나 각 방은 서로 분리되어 있으므로 침실, 욕실, 차고, 거실, 서재, 부엌 등으로 분리하여 생각할 수 있다. 이렇게 생각해보면 여러 종류의 방은 집을 구성하는 속성들이다. 우리가 방을 바꾸려 하지 않고 집만 바꾸려 한다면 다른 집을 새로 지어야 한다. 따라서 집 전체보다는 하나하나의 방에 초점을 맞추고 그 방들을 그때그때 필요에 따라 변화시키는 것이 훨씬 효과적일 것이다. 몇 개의 방을 조금 변화시킴으로써 저택을 맨션으로 바꿀 수도 있다.

모든 문제는 방이 여러 개인 집과 같은 것이다. 한 번에 전체를 개선하려 한다면 무엇부터 손대야 할지 판단하기 어렵고 뭔가를 간과할 수 있으므로 문제를 쪼개고 쪼개어 각각의 속성에 꼼꼼하게 주의를 집중해야 한다. 새로운 아이디어를 짜내기 위해서는 어떤 문제가 안고 있는 다양한 속성들을 명확히 기록하고 한 번에 하나씩 해결해야 한다. 이때 문제를 세분화하면 세분화할수록 문제의 속성 또한 더 많이 개선되고 변화될 수 있다. 문제의 세분화는 가능한 한 광범위하고 포괄적으로 남김없이 해야 하는데, 여기서 어떤 속성이든 빠뜨리고 지나치게 되면 나중에 되살리기가 어렵다. 이 점에서 질보다 양이 더 중요하다는 사실을 알아야 한다. 이 기법에서의 관건은 지금까지 미처 생각지 못했던 속성을 찾아내고 빠뜨리는 것 없이 속성을 세분화하는 것이다. 그러기 위해 속성을 크게 세 가지로 나눈다.

자전거의 속성별 분류

- 명사적 속성(대상의 부분을 명사로 표현): 전체, 부분, 제조 방법
  > 핸들, 안장, 바퀴, 체인, 백미러, 타이어, 스테인리스

- 형용사적 속성(대상의 성질을 형용사로 표현): 제품의 성질
  > 하얗다, 빠르다, 시원하다, 스포티하다, 저렴하다, 쇠파이프와 고무로 이루어졌다.

- 동사적 속성(대상의 기능을 동사로 표현): 제품의 기능
  > 편리하다, 교통수단이다, 배우기 어렵다

- 필요할 때 변형하여 가지고 다녔으면 좋겠다. (형용사적 용법)
- 재질이 부드러웠으면 좋겠다. (형용사적 용법)
- 힘을 쓰지 않아도 저절로 굴러가면 좋겠다. (동사적 용법)
- 링이 녹슬지 않았으면 좋겠다. (명사적 용법)

다음 자료는 속성 열거법으로 만든 발명품으로, 대회 출품을 위해 제작한 작품 설명서다.

양손이 자유로운 **자전거 파워핸들**

01_제작 동기
자전거로 통학을 하는데 차로로 다니다보면 자전거 핸들이 흔들거려 똑바로 갈 수가 없다. 똑바로 가면서도 좌우 회전도 잘되는 핸들이 있으면 좋겠다고 생각하여 이 발명품을 만들게 되었다.

02_ 작품 요약

볼 베어링과 코일 스프링을 결합하여 핸들의 조향장치가 고정되도록 함으로써 한 손으로도 자전거를 운전할 수 있는 발명품이다.

03_ 작품 내용

1. 상기 지지부재는 상기 차체에 고정 설치된 고정대와 상기 고정대에 고정 설치한다.
2. 걸림 턱을 구비한 파이프 형 지지관과 상기 지지관의 선단부에 출몰하며, 걸림 턱에 의해 완전 이탈이 방지되도록 설치한다.
3. 상기 돌출 돌기에 탄성력을 작용하도록 지지관의 내부에 삽입 설치된 탄성 스프링을 통하여 고정한다.

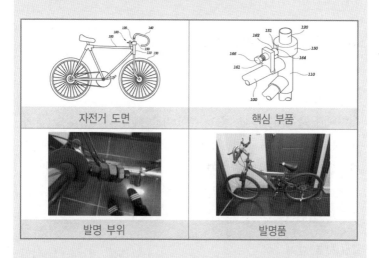

자전거 도면	핵심 부품
발명 부위	발명품

04_ 제작 결과

1. 자전거의 직선도로 주행 시 핸들을 정 방향으로 조절·지지하여 핸들의 흔들림을 방지함으로써 운행 시 안정감을 높인다.

2. 방향 전환 시에는 손잡이에 적정 힘을 가하면 지지부재의 돌출 돌기가 후퇴하면서 절원통의 지지 홈에서 벗어나 자유롭게 회동하여 핸들축의 조향이 이루어지도록 함으로써 더욱 편리하게 자전거를 운행하는 효과가 있다.

※ 기존 제품과 본 발명품의 비교

구 분	기존 자전거	본 발명품
경제성	비교 불가	자전거를 한 손으로 운행할 수 있게 되어 자유로워진 다른 손으로 다른 동작을 할 수 있어 경제적이다.
창의성	비교 불가	자전거의 핸들을 고정하여 손쉽게 한 손으로 자전거를 운행할 수 있는 새로운 발명품이다.
실용성	비교 불가	상황에 따라 쉽게 자전거를 운행할 수 있어 널리 활용될 것으로 보인다.

온도 센서가 달린 안전하고 편리한 샤워기

01_제작 동기

어머니가 욕조에 뜨거운 물을 받으라고 해서 뜨거운 물을 틀어 놓았는데 한참 후에 보면 찬물로 욕조가 가득 채워져 있어 황당했다. 그 후로 뜨거운 물을 받기 위해 물의 온도를 확인하는 어머니를 보고 온도 확인 장치가 있었으면 좋겠다는 생각에 이 발명품을 만들게 되었다.

02_작품 요약

샤워기에 온도 센서를 달아 온도 센서에 온도를 표시하게 하여 설정된 온도 이하로 물이 흐르면 밸브가 자동으로 잠겨 물의 흐름을 차단하게 만든 발명품이다.

03_작품 내용

1. 물이 흐르면 온도 센서에 의해 전원이 작동하도록 만들었다.
2. 온도 센서를 샤워기에 달아 설정한 온도보다 낮은 온도로 물이 흐르면 자동으로 물의 흐름을 차단하게 만들었다.
3. 온도를 설정하는 디스플레이 장치를 설치했다.

| 발명품 | 센서의 모습 | 발명품의 활용 모습 |

04_제작 결과

1. 물의 온도를 상시로 확인할 수 있어 원하는 온도의 물을 받을 수 있다.
2. 찬물이 나오면 밸브가 자동으로 잠기게 만들어 물의 낭비를 막을 수 있다.
3. 물을 잘못 받아 다시 받는 수고와 시간 낭비를 막을 수 있는 경제적인 발명품이다.

※ 기존 제품과 본 발명품의 비교

구 분	기존 제품	본 발명품
경제성	비교 불가	물의 온도를 상시로 확인할 수 있어 뜨거운 물에 델 위험이 없다.
창의성	비교 불가	온도를 측정하여 설정 온도에 따라 물을 공급하고 차단하는 새로운 발명품이다.
실용성	비교 불가	어린이나 노인이 있어서 목욕물의 적정 온도를 잘 맞추어야 하는 가정에 꼭 필요한 발명품이다.

손익계산서

정의　손익계산서(損益計算書, profit and loss statement)는 그 회계기간에 속하는 모든 수익과 이에 대응하는 모든 비용을 적정하게 표시하여 손익을 나타내는 회계 문서를 말한다.

해설

✅ **손익계산서에서 사용되는 용어**

· 매출총이익 = 매출액 - 매출원가

· 영업이익 = 매출총이익 - 판매비 · 관리비

· 법인세 차감 전 순이익 = 영업이익 + 영업외수익-영업외비용

· 당기순이익 = 법인세 차감 전 순이익 - 법인세 비용

· 경상이익 = 영업이익 - 영업외비용

· 영업외비용: 영업에 들어가는 비용 외의 비용(이자수익, 배당수익, 임대료, 외환차익, 기타 잡 이익 등)

· 제조원가: 기업이 제조하여 외부에 판매한 제품을 생산하는 데 들어간 비용.
· 매출액: 상품 등의 판매 또는 용역의 제공으로 얻은 금액
· 매출원가: 매입 또는 제조에 직접 소요된 모든 비용
· 현금: 가지고 있는 돈
· 시재: 현재 가지고 있는 돈이나 물건
· 제조: 원료를 가공하여 제품을 만드는 것
· 노무비: 사업주가 근로자의 노동에 대해 지불하는 대가와 노무관리를 위해 들이는 돈. 노동에 대하여 들어가는 경비
· 경비: 어떤 일을 하는 데 드는 비용
· 설비: 어떤 목적에 필요한 기계·기구·건물 또는 시설 등을 갖춤
· 세후: 세금을 낸 다음

K-pop의 성공 비결

소녀시대, 샤이니, 원더걸스, 빅뱅 등 아이돌 스타들이 케이-팝을 이끌며 뜨거운 열풍으로 세계를 휩쓸고 있다. 특히 유튜브 조회 수가 2억 명을 넘어선 싸이는 〈강남스타일〉로 화룡정점을 찍고 있다.

어떻게 케이-팝이 이렇게 성공할 수 있었을까 하고 묻는 질문에 많은 사람들은 반짝이는 아이디어가 아니라 중독성 있는 춤과 리듬에 있다고 답한다. 대나무는 4년간의 죽순 시절로 기다림의 세월을 보낸 후 5년 뒤에는 매년 25미터씩 자란 것처럼 케이-팝의 성공은 끼 있는 청소년들을 조기에 발굴하여 수년 동안에 걸친 트레이닝과 철저한 기획에 의한 준비와 훈련을 통해 만들어진 결과이고 열정과 숙련의 산물이라고 말할 수 있다.

싸이는 〈강남 스타일〉의 성공 비결의 질문에 가장 한국적인 것을 찾고, 나만이 잘할 수 있는 것을 찾아내는 노력에 있었다고 한다. 가장 자신 있고 가장 잘할 수 있는 것을 철저하게 준비하여 도전하는 것이 청년 창업가들에게 요구되는 성공 스타일이 아닐까 생각한다.

손익계산서 작성하기

각.
거.
리.

손익계산서

회사명: _____

● 아래 금액을 반드시 기록해 주십시오.

현금시재	기초자금	매출액	재료구입비

● 부품 회사: 매출액 = 현금시재 + 재료구입비
● 조립 회사: 재료구입비 = 매출액 - 현금시재

A. 매출액			
B. 제조원가	재료비		☞ 재료 구입
	노무비		☞ 매출액의 10%
	경 비		☞ 매출액의 5%
	소 계		
C. 매출총이익(A-B)			
D. 판매비 및 일반관리비			☞ 매출액의 15%
E. 영업이익(C-D)			
F. 영업외비용	지급이자		☞ 설비투자액의 10% (게임당 10%)
G. 경상이익(E-F)			
H. 제세금(G×30%)			
I. 세후순이익(G-H)			

 친절한 **과학사전**

수렴적 사고 기법

정의 수렴적 사고(收斂的 思考, convergent thinking) 기법은 확산적 사고 기법으로 생성해낸 많은 정보를 좀 더 잘 이해할 수 있도록 자료를 분류하고 평가하여 가장 좋은 아이디어를 선택해낼 때 사용하는 발명 기법이다.

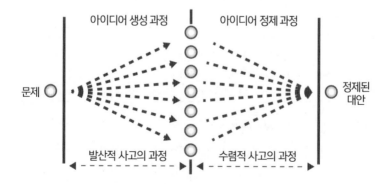

아이디어 생성 과정　　　　　아이디어 정제 과정

문제　　　　　　　　　　　　　　　　　　정제된 대안

발산적 사고의 과정　　　　수렴적 사고의 과정

수렴적 사고 기법

해설 수렴적 사고는 이미 생성된 아이디어나 정보를 다양한 기법을 통해 분석해 따져봄으로써 가장 효과적이고 바람직한 대안을 유도해내는 것이 목적이다. 수렴적 사고 기법에는 하이라이팅(highlighting) 기법, P-P-C(positive-possibilities-concern) 기법, PMI(plus, minus, interesting) 기법, 평가행렬 기법, 역브레인스토밍 기법, 쌍비교분석 기법 등이 있다.

확산적 사고가 문제 해결의 후보를 찾아내는 과정이라면 수렴적 사고는 문제 해결 후보를 제거해가는 과정이다. 예를 들어, 글짓기를 할 때 주제를 생각나는 대로 많이 적어보는 것이 확산적 사고 기법이라면, 그중에서 한 가지를 고르거나 두 가지 이상의 주제의 장점을 모아 새로운 주제를 만들어내는 것이 수렴적 사고 기법이다.

운.영.사.례.

[문제] 때밀이타월이 달린 샤워기를 만들어보자.

확산적 사고의 문제 해결 방법

사고 순위	확산적 사고
1	때밀이타월을 낄 수 있는 샤워기를 세라믹으로 만든다.
2	때밀이타월을 낄 수 있는 샤워기를 금형을 떠서 만든다.
3	금형을 떠서 만들려면 돈이 많이 드니까 기존 샤워기를 활용한다.
4	기존의 샤워기에 때밀이타월을 끼워 고무줄로 묶어서 사용한다.
5	기존 샤워기의 표면을 까칠하게 만들어 등의 때를 밀도록 한다.
6	기존 샤워기에 때밀이타월을 끼울 수 있는 방법을 생각한다.

수렴적 사고의 문제 해결 방법

확산적 사고로 얻어진 6가지의 방법 중 타당하다고 생각하는 것과 실용적이지 못한 것을 구분해 비실용적인 것은 버리고 실용적이고 제작 가능한 것을 선택하여 작품 제작에 들어간다.

사고 순위	확산적 사고	수렴적 사고	선택 여부
1	때밀이타월을 끼울 수 있는 샤워기를 세라믹으로 만든다.	만드는 데 시간이 너무 많이 걸리고 비실용적이다.	×
2	때밀이타월을 끼울 수 있는 샤워기를 금형을 떠서 만든다.	만들면 좋은데 비용이 너무 많이 든다.	×
3	금형을 떠서 만들려면 돈이 많이 드니까 기존 샤워기를 이용하자.	기존 샤워기를 이용하기 위한 아이디어가 필요하다.	○
4	기존의 샤워기에 때밀이타월을 끼워 고무줄로 묶어서 사용한다.	사용하는 데 불편함이 있어 사용하는 사람이 없을 것이다.	×
5	기존 샤워기의 표면을 까칠하게 만들어 등의 때를 밀 수 있게 한다.	샤워기를 변형하는 것은 다시 금형을 떠야 하기 때문에 비용이 많이 든다.	×
6	기존 샤워기에 때밀이타월을 끼울 방법을 생각한다.	기존 샤워기를 변형할 수 있는 것이 있는지 찾아본다.	○

확산적 사고는 통제된 문제에는 큰 도움이 안 될지 모르지만 폭넓은 사고를 요하는 문제에서는 많은 도움이 된다. 확산적 사고를 통해 가능한 많은 자료를 확보한 뒤 수렴적 사고를 통해 구체적인 아이디어를 찾는 방법으로 문제를 해결하는 방법이다.

수렴적 사고가 하나의 주어진 정보를 통하여 가장 안전하고 확실한 대안을 찾는 것이라면 확산적 사고는 지금까지 알려지지 않은 새로운 대안을 찾아내는 능력을 의미한다. 따라서 대부분 문제 해결을 하고자 할 때는 수렴적 사고와 확산적 사고를 함께 사용한다.

01_제작 동기

목욕탕에 가면 등을 밀고는 싶지만 옆 사람에게 밀어달라고 하기
가 뭐해서 눈치만 보다가 그냥 집으로 오곤 했다. 그래서 혼자서
도 때를 밀 수 있는 때밀이 샤워기를 개발하게 되었다.

02_작품 요약

일반 샤워기의 헤드 부분을 턱이 지게 만들어 따로 제작한 때밀이
타월을 끼워 손이 닿지 않는 등이나 허리 부분 어디라도 혼자 닦을
수 있도록 손잡이를 약간 길게 제작하여 만든 때밀이 겸용 샤워기다.

03_작품 내용

1. 샤워기의 손잡이를 길게 만든다.
2. 샤워기의 헤드에 턱을 만든다.

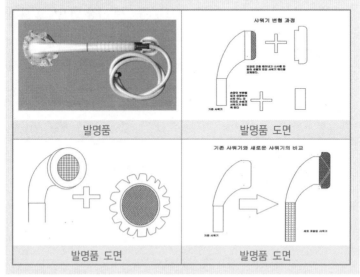

발명품	발명품 도면
발명품 도면	발명품 도면

3. 샤워기의 헤드에 때밀이 수건을 장착할 수 있도록 때수건에 고무줄을 끼운다.
4. 샤워기 헤드와 때밀이 수건을 결합한다.

04_제작 결과

1. 샤워할 때는 샤워기로, 때를 밀 때는 때밀이로 교체하여 사용할 수 있다.
2. 손이 닿지 않는 등이나 허리의 때를 밀 때 손잡이가 길기 때문에 어디라도 쉽게 때를 밀 수 있어 편리하다.
3. 때밀이 수건은 시중에 나와 있는 타월을 이용하여 조금만 개조하면 사용할 수 있고 교체하기도 쉬워서 실용적이다.

스캠퍼

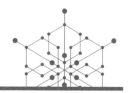

정의 스캠퍼(SCAMPER)는 7가지 항목에 해당하는 단어의 첫 글자를 따서 만든 발명 기법으로, 기존의 형태나 아이디어를 다양하게 변형시키는 발명 사고 기법이다.

해설 발명 10훈과 함께 아이디어가 쉽게 떠오르지 않을 때 상상력을 자극할 수 있도록 새로운 자극을 주는 발명 사고 기법으로, 다음과 같이 구성된다.

참고로 '발명 10훈'은 "1. 적극적인 관심, 2. 세심한 관찰, 3. 유연한 생각, 4. 목표에 집중하기, 5. 필요한 것 찾아내기, 6. 불편한 것 개량하기, 7. 실생활에서 아이디어 찾기, 8. 결합하거나 분해해기, 9. 아이디어 기록하기, 10. 합리적인 선택"으로 정리할 수 있다.

| SCAMPER 발명 기법 |

	단 계	질 문	사 례
S	치환(substitute)	다른 에너지, 색깔, 재료, 원리로 바꾸면?	(나무)젓가락 ⇨ 플라스틱 (면)장갑 ⇨ 가죽 장갑
C	결합(combine)	서로 다른 물건 또는 아이디어를 결합하면?	복합기 = 복사기+팩스 휴대폰 = 전화기+카메라 롤러스케이터 = 운동화+바퀴
A	적용(adapt)	어디에 적용할 수 있을까? 비슷한 것은?	우엉씨앗 ⇨ 벨크로(찍찍이) 단풍잎 씨 ⇨ 헬리콥터
M	수정(modify)	의미, 색깔, 소리, 향기, 형태 등을 바꾸면?	(직선) 물파스 ⇨ 기역자 (둥근) 연필 ⇨ 사각
	확대(magnify)	확대하거나 더하거나 무겁게 하면?	텔레비전
	축소(minify)	축소하거나 빼거나 분리하거나 가볍게 하면?	보료 ⇨ 방석
P	다른 용도로 사용하기 (put to other use)	모양, 무게, 형태를 다른 용도로 사용하면?	우산 ⇨ 양산 연필심 ⇨ 갈아서 지문 채취
E	제거(eliminate)	없애버리면?	(유선) 마우스 ⇨ 무선
R	재배치(rearrange)	위치나 인과를 바꾸어 생각하면?	마요네즈 용기
	거꾸로(reverse)	반대 또는 거꾸로 하면?	양말 ⇨ 장갑

SCAMPER

SCAMPER는 Substitute, Combine, Adapt, Modify, Magnify, Put to other uses, Eliminate, Rearrange에서 첫 글자를 딴 것이다. 그런데 개별 단어 scamper를 사전에서 찾아보면 "재빨리 달리다. 날쌔게 움직이다. 뛰어 돌아다니다. 달리다"의 뜻이다.

SCAMPER는 알렉스 오스본이 상상력을 자극하여 기발한 아이디어를 창출하도록 만든 기법이다. 발명에 관해 아무것도 모르는 사람이 발명을 하려면 기어 다니듯 어려울 텐데, 이 기법을 잘 익혀 활용한다면 scamper의 뜻처럼 발명 아이디어를 착안할 때 "뛰어다니"게 될 것이다.

글_전인기

SCAMPER 기법의 적용 사례

문제 발견

약수터에서 물을 받아 올 때 사각형 플라스틱 통을 사용한다. 이 사각형 통은 대개 물, 기름과 같은 액체를 담아 보관하는 보관 통으로 사용되는데, 그 액체를 사용하거나 갖다 버릴 때는 운반 통으로 사용된다. 그런데 현재 사용되는 통은 너무 무거워 사용이 불편할 뿐만 아니라 액체를 따를 때 무게중심이 흔들려 액체를 바닥에 흘리기 쉽다. 이 문제를 해결할 방법은 없을까?

원인 탐색

물통을 들어 올려 따라야 하는데 물통의 무게가 너무 무겁다. 물통을 작게 만들면 따르는 작업은 쉽겠지만 보관이나 운반 능력이 떨어진다.

물통의 물을 따르기가 어려운 이유

1. 물이 가득 들어 있는 물통이 무거워 들기가 힘들다.
2. 물통을 들어 따르다 보면 무게중심이 위로 올라가고 지지할 곳이 없어서 물통이 좌우로 쏠려 물을 바닥에 쏟게 된다.

해결 방안

1. 물통의 무게중심을 바닥에 붙여 지지할 곳이 있어야 한다.
2. 물통을 들지 않고 따르는 방법으로 해결해야 한다.

문제 해결

무게중심만을 이동시키는 방법으로 기울였다가 다시 세울 수 있게 만든다.

1차 작품은 무게중심 이동이 어려워 2차 작품을 만들었다.

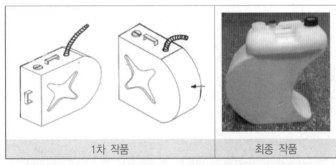

| 1차 작품 | 최종 작품 |

통을 굴려 따르는 모습

신규성

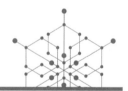

정의 신규성((新規性, novelty)은 기존에 없던 새로운 것으로, 특
허성의 시험으로 그에 따라 발명이 특허가 될 수 있는지 아
니면 이전에 이미 청구된 적이 있어 특허가 될 수 없는지를 판가름하
는 기준이다.

해설

❶ 신규성으로 인정받지 못하는 발명은 (특허 출원 전에 국내 또는
   국외에서)

* 공지(公知)된 발명
* 공연(公然)히 실시된 발명
* 반포된 간행물에 게재된 발명
* 전기 통신회선을 통하여 공중(公衆)이 이용할 수 있는 발명

❷ 신규성으로 인정받지 못하는 발명의 해설

- "공지된 발명"이란 특허 출원 전에 국내 또는 국외에서 그 내용이 비밀상태로 유지되지 않고 불특정 다수에게 알려지거나 알려질 수 있는 상태에 있는 발명을 의미한다.

- 공연히 실시된 발명은 국내나 국외에서 그 발명이 공연히 알려진 상태 또는 공연히 알려질 수 있는 상태에서 실시되고 있는 것을 의미한다.

- 여기서 '공연'은 바꾸어 말하면 '전면적으로 비밀상태가 아닌 것'을 의미함.

- 간행물이란 "일반 공중에게 공개할 목적으로 인쇄 기타의 기계적·화학적 방법에 의하여 복제된 문서, 도면, 기타 이와 유사한 정보전달 매체"를 말한다.

- 간행물에 게재된 발명이란 그 문헌에 직접적으로 명확하게 기재되어 있는 사항 및 문헌에 명시적으로는 기재되어 있지 않으나 사실상 기재되어 있다고 인정할 수 있는 사항에 의하여 파악되는 발명을 말한다.

- 전기통신 회선을 통해 공중(公衆)이 이용할 수 있는 발명의 도입 취지 최근 정보전달 수단의 발달로 인터넷을 통해 발표되는 기술의 양이 급격히 증가하고 있으며, 이들 기술은 인터넷의 특성상 게재 후에 그 게재일 및 내용이 변조될 가능성이 있다는 점을 제외하고는 공중의 이용 가능성, 전파 속도 및 기술 수준 등의 측면에서 간행물에 의하여 발표된 기술과 비교하여 선행기술의 지위에 있어서 전혀 손색이 없는바, 이러한 시대적 변화를 특허 제도에 반영할 필요성이 제기되어 왔다.

날개 없는 선풍기

다이슨의 창업자 제임스 다이슨(James Dyson)은 늘 이런 의문을 마음에 품고 다녔다.

'아이들이 다칠까봐 선풍기에 안전망을 덮고도 아기들이 다가가는 것을 겁내는 것을 보고 왜 선풍기는 날개가 있어야만 하지?'

전기를 이용한 선풍기는 1882년 발명되고 127년 동안 날개를 이용한 방식은 변하지 않았다. 그런데 어느 날 선풍기를 꺼내 날개를 청소하던 다이슨은 이 날개가 없다면 청소하는 일도 없을 것 아닌가 하는 생각이 들어 4년을 연구한 끝에 2009년 날개 없는 선풍기, 애어멀티플라이어를 세상에 처음 내놓았다. 그리고 이 선풍기는 그해에 『타임』지 '올해의 발명품'으로 선정되었다.

다이슨은 다이슨 전자의 창업자이자 발명가로 먼지봉투 없는 청소기를 발명한 것으로도 유명하다. 영국의 스티브 잡스라고도 불리는 다이슨은 혁신적인 제품의 디자인과 제품 개발뿐만 아니라 특허 보호에도 철저하기로 유명하다.

새로운 제품이 나오면 제품을 보호하기 위해 특허를 출원하고 다양한 특허 포트폴리오를 만들어 관리하며 현재 1,900개가 넘는 특허를 보유하고 있다. 이렇게 철저한 신제품에 대한 관리로 자신들의 제품과 유사한 제품이 시장에 나오지 못하도록 특허 분쟁도 진행한다.

실용신안

정의 실용신안(實用新案, utility model)은 '작은 발명'으로, 이미 발명된 것을 응용하여 더 편리하고 유용하게 개량한 것에 주어지는 권리다.

┃최초의 전화기(송화기와 수화기 분리) 발명 특허 ┃송수화기가 하나로 된 전화기[실용신안]

✅ **특허와 실용신안의 차이**

특허는 창작의 고도성이 요구되지만 실용신안은 간단한 개량 정도로도 충분하다. 따라서 최초 개발된 연필이 특허 대상이라면, 연필의 미끄럼을 방지한 육각연필, 삼각연필 등은 실용신안 대상이다. 또 전화기 자체가 특허라면 송화기와 수화기를 하나로 합친 전화기는 실용신안 대상이다. 이처럼 아이디어의 참신성, 기술 구성의 난도, 기술 효과의 탁월성에 따라 특허 및 실용신안이 구별된다고 할 수 있다. 실용신안은 형상을 지닌 물품에 관한 것만 그 대상이 되는 반면, 특허는 물품이 아닌 방법에 관한 기술 개발, (화학)물질에 관한 것도 그 대상이 된다. 예를 들어 김치 제조 기술을 개발했다면 그 개발의 난도와 관계없이 이는 특허 대상이 된다.

특허와 실용신안은 권리 행사 기간에는 다소 차이가 있지만 권리 행사 내용에는 별 차이가 없다.

✅ **실용신안 제도를 채택하고 있는 나라**

실용신안 제도는 시설의 미흡 등으로 큰 발명을 수행할 수 없는 중소기업 보호 차원에서 채택된 제도로 한국, 일본, 타이완, 독일 등 몇몇 국가에서 채택하고 있다. 따라서 실용신안 제도를 채택하고 있지 않은 미국 등에 출원할 경우에는, 한국에서 실용신안으로 출원을 했더라도 반드시 특허 출원으로 변경하여 출원해야 한다.

✅ **발명부터 실용신안 출원까지의 과정**

문제의 인식 ▶ 아이디어 착상 ▶ 선행 기술 조사 ▶ 아이디어 구체화

서류 작성 ▶ 실용신안 출원 신청 ▶ 실용신안 심사 ▶ 실용신안권 획득

삼성전자와 다이슨의 실용신안 이야기

삼성전자와 영국 가전업체 다이슨이 진공청소기 특허를 놓고 벌였던 소송전이 법원 조정으로 끝났다. 서울중앙지법 민사 25부(재판장 이흥권)는 19일 조정 기일을 열고, 삼성전자와 다이슨 간 손해배상 맞소송을 조정으로 마무리했다.

다이슨은 삼성전자의 청소기 '모션싱크'가 침해했다고 주장한 영국 특허가 무효이고, 삼성전자가 특허를 침해하지 않았다는 것을 확인했다. 다이슨은 또 소송비용으로 합의한 돈을 삼성전자에 주기로 했다.

다이슨은 30일 이내에 독일에 낸 실용신안 관련 소송을 취하하고, 같은 소송을 제기하지 않기로 했다. 다이슨은 또 30일 이내에 유럽 특허청에 낸 특허에 대해 철회를 통지하고, 독일 실용신안 포기 절차를 이행하기로 했다.

양측은 공개된 조정 결정 내용 외에는 제3자에게 조정 과정에 관한 언급을 하지 않고, 앞으로 이 사건과 관련해 상호 비방을 하지 않기로 했다.

다이슨은 2013년 8월 삼성전자의 진공청소기 '모션싱크'가 자사의 방향 전환 관련 특허를 침해했다며 영국 고등특허법원에 소송을 냈다. 또 언론 보도자료 등을 통해 삼성전자가 경쟁사 제품을 베꼈다며 비방하기도 했다. 다이슨이 2013년 11월 소송 취하서를 영국 고등특허법원에 내면서 이 사건은 종결됐다.

삼성전자는 2014년 2월 "다이슨이 허위 사실을 유포하면서 기업 이미지를 훼손하고 영업을 방해했다"며 서울중앙지법에 100억 원 청구 소송을 냈다. 다이슨도 그해 3월 "삼성전자가 '특허괴물'이라고 비난해 회사 이미지와 브랜드 가치가 훼손됐다"며 삼성전자를 상대로 10억 원 상당의 손해배상 청구 소송을 냈다.

법원 관계자는 "한국 법원 조정을 통해 두 회사 간 관련 분쟁을 전 세계적으로 한 번에 끝내기로 했다"며 "두 회사의 브랜드 이미지와 영업 및 특허 전략 등을 고려해 합의된 조정 조항 이외의 합의 과정이나 기타 사항은 비밀에 부치기로 합의했다"고 밝혔다.

조선닷컴 기사(2016. 04. 19)

쌍비교 분석

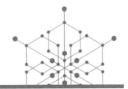

정의　쌍비교 분석(雙比較分析, PCA: paired comparison analysis) 기법은 많은 아이디어 중에서 우선순위를 정하기 위한 기법으로, 우선순위를 정하여 대안을 선택하고 결정해야 할 때 활용된다.

해설　각 대안을 쌍으로 비교한다. 가령 대안 Ⓐ와 Ⓑ를 비교했을 때 Ⓐ가 더 중요하다고 생각되면 Ⓐ로 적는다. 이런 식으로 우선순위를 정해나간다. 아이디어가 너무 많아 아이디어 선별에 시간이 오래 걸리거나 모든 아이디어가 중요하다고 여겨져 우선순위를 정하기 힘들 때 적용할 수 있다.

모든 아이디어를 비교하여 상대적 중요도에 따라 우선순위를 정하는 기법으로, 진행 과정은 다음 표와 같다.

| 쌍비교 분석 기법 진행 과정 |

구 분	설 명
비교표 만들기	먼저 표를 만들어 가로와 세로에 각각의 대안들을 기록해 분석 표를 만든다.
쌍비교하기	각 아이디어를 쌍으로 비교해 평정 척도로 나타낸다. 이때 주로 사용되는 평정 척도는 3단계(1:약간 더 중요 / 2:상당히 중요 / 3:매우 많이 중요)로 기록한다.
점수 구하기	마지막 숫자의 합계에 대한 해석으로 각 아이디어별로 그 옆에 기록된 점수를 더해서 각 아이디어 총점을 구한다.
해석하기	아이디어 총점을 가지고 최우선순위 아이디어를 선정하고 상대적 중요성을 해석한다. 이 기법은 개인이 사용할 수도 있고 집단이 사용할 수도 있다. 집단이 사용할 때는 집단 구성원의 점수를 모두 모아 합계를 내서 판정한다. 가장 높은 점수를 받은 아이디어는 최우선순위일 뿐 반드시 가장 중요한 아이디어라고 볼 수는 없다. 따라서 가장 높은 점수를 준 사람과 가장 낮은 점수를 준 사람의 의견을 들어봄으로써 집단의 합의를 도출하는 데 객관성을 높인다.

문제 인식

제시된 아이디어를 비교하여 우선순위를 정한다.

구 분	아이디어 B	아이디어 C	아이디어 D	아이디어 E	점수
아이디어 A	A1	C2	A2	E1	A = B = C = D = E =
아이디어 B		C1	B1	E2	
아이디어 C			C2	E1	
아이디어 D				D2	
아이디어 E					

※ 1: 약간 더 중요 / 2: 상당히 더 중요 / 3: 매우 많이 중요

01_제작 동기

세면대를 사용하다 보면 배수구에 머리카락 등 이물질이 끼어 가끔 막힐 때가 있다. 이것을 해결하려면 세면대 밑의 U자관을 분리하여 청소를 해야 하는데 분리가 쉽지 않다. 특히 세면대 마개는 밑이 고정되어 있어서 청소가 쉽지 않은 것을 보고 간편하게 이물질을 제거하고 청소를 할 수 있는 방법을 생각하다가 이 발명품을 만들게 되었다.

02_작품 요약

세면대의 마개를 간단히 뺄 수 있도록 하여 몸이 불편한 사람이라도 공구 없이 손쉽게 머리카락 및 찌꺼기를 제거할 수 있도록 한 발명품이다.

03_작품 내용

1. 고정식으로 되어 있어 분리가 어려운 세면대 마개를 중앙에 나사를 내어 마개를 돌려 간단히 뺄 수 있게 만들었다.
2. 마개 몸체 중앙에 유도관을 달아 물막이 지지막대를 유도할 수 있게 했다.
3. 구리로 오물 수집망을 만들어 세면대 마개 밑에 부착했다.

04_제작 결과

1. 세면대 마개를 누구나 쉽게 분리할 수 있도록 했다.
2. U자 관을 해체할 필요 없이 쉽게 마개를 열어 누구나 청소하기가

간편하다.

3. 청소하는 데 공구를 사용하지 않고 손으로 간단하게 작업할 수 있어 공구 구입비가 들지 않아 경제적이고 실용적이다.

4. 오물을 손으로 직접 만지지 않고 청소할 수 있어 위생적이고 청결하다.

5. 구리 망을 설치하여 냄새가 나지 않는다.

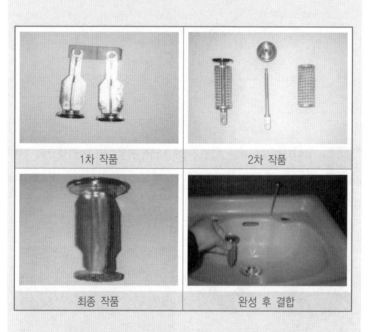

	1차 작품		2차 작품
	최종 작품		완성 후 결합

※ 기존 제품과 본 발명품의 비교

구 분	기존 제품	본 발명품
경제성	출장비/수리비가 많이 나옴	기존의 수도관과 세면대의 모습에 변형을 주므로 설치비 및 기타 비용이 없음
창의성		청소를 하려고 분해하거나 쑤시는 대신 문제를 근본적으로 해결
실용성	머리카락 제거가 쉽지 않음	세면대 마개를 쉽게 분리할 수 있어 머리카락 제거가 쉬움

아이디어

정의 아이디어(idea)는 어떤 일에 대한 구상으로, 이 세상에 없던 물건을 만드는 방법을 생각해내거나 풀리지 않는 문제의 해결 방안을 생각해내는 것이다.

| 빼기 쉽게 고안된 전기 코드

| 입구가 2개인 물병

해설 발명은 창의적 아이디어에 기술을 적용하여 지금까지 없던 새로운 물건을 만들거나 새로운 방법을 생각해내는 것이다. 아이디어는 어떤 일에 대한 구상으로, 이 세상에 없던 물건을 만드는 방법을 생각해내거나 풀리지 않는 문제의 해결 방안을 생각해내는 것이다.

발명과 아이디어는 착상까지는 같고 그 이후에 차이가 난다. 착상에서 그치면 아이디어이고 더 나아가 제작까지 하면 발명이 된다.

✔ 발명 과정

문제 인식	아이디어 착상
야간에 자전거 불빛이 어두워 자전거 타기가 불편하다.	버려지는 오토바이 라이트와 태양전지판을 이용하면 불편을 해소할 수 있다.

발명품 제작

태양열을 이용한 **자전거 라이트**와 브레이크를 이용한 **발전**

01_제작 동기

휴먼 에너지에 대해 새로이 눈을 떠가던 중, 자전거를 타면서 힘껏 페달을 밟고 나서 브레이크를 잡으려면 힘들게 페달을 밟은 것이 아깝다는 생각이 들었다. 더 나아가 그 에너지를 활용할 방안을 궁리한 끝에 회전을 하며 발생하는 브레이크의 원리를 발전기에 연결하면 발전을 일으킬 수 있을 것이라는 생각에 이 발명품을 만들게 되었다.

02_작품 요약

폐차장에서 나오는 자동차 라이트, 배터리, 시거 잭 등을 태양광 전지판에 연결하여 주간에 충전된 태양 에너지로 야간 라이트를 켜거나 휴대폰, MP3 충전기 등으로 활용하고 브레이크를 잡을 때 발생하는 마찰력을 전기 에너지로 변환시켜 배터리에 충전하도록 한 발명품이다.

03_작품 내용

1. 자전거를 구입한다.
2. 자전거 짐받이에 배터리(폐차장에서 나오는 자동차 배터리)를 장착한다.
3. 그 위에 태양광 전지판을 달아 낮에 충전이 되게 한다.
4. 자동차에서 버려지는 시거잭(cigar jack, 폐차장에서 구입)을 배터리에 달아놓는다.
5. 자전거 앞에 자동차 라이트(폐차장에서 구입)를 달아놓는다.

6. 자전거의 뒷바퀴에 자전거의 발전 장치를 달아놓는다.

7. 설치한 부품들을 전선으로 연결하여 발전과 충전 그리고 발광이 이루어지게 한다.

| 주요 구성품
(시거잭, 충전기) | 태양열 전지판 | 브레이크 발전기 | 최종 작품 |

04_제작 결과

1. 야간에 자전거 이용자의 안전에 도움을 줄 수 있어 실용적이다.

2. 라이트를 켜기 위해 소비되는 건전지를 줄일 수 있어 경제적이다.

3. 운동 에너지를 전기 에너지로 바꾼 창의성이 돋보인다.

4. 야외에서 휴대폰이나 MP3의 충전이 가능해져 실용적이다.

5. 버려진 자원을 재활용함으로써 경제적인데다가 자연 환경 보전에 기여한다.

※ 기존 제품과 본 발명품의 비교

구 분	기존 제품	본 발명품
경제성	자전거의 단순 기능 위주로 사용	인간의 무한 에너지인 휴먼 에너지를 이용하여 발전하므로 연료비를 절약할 수 있음
창의성	자전거를 이용한 발전, 운동기구로써의 자전거 등이 있음.	휴먼 에너지를 활용한 자연친화 제품으로, 실생활에서 낭비되는 에너지를 활용한 신기술
실용성	기존의 자전거는 발전기를 통하여 발전을 하지만 단순히 등을 켜는 정도임	자체 생산한 전기를 다양하게 활용할 수 있어 경제적인데다가 자전거 보급에도 기여할 수 있는 발명품

아이디어

코카콜라의 숨은 이야기

존 팸버튼은 남북전쟁에 남군으로 참전했다. 그는 전쟁이 끝난 후 잿더미가 된 애틀랜타에서 약제사로 일했다. 팸버튼은 약재들을 다양하게 조합하는 일을 무척 즐겼는데, 어느 날 오후 두통을 경감시킬 응급 약재를 찾던 중 그의 냄비 안에 캐러멜 색의 향기로운 액체가 흘러나와 고였다.

그는 이 특이한 액체를 음료수로 개발하고자 궁리한 끝에 탄산수를 넣어 완성한 후 시음회를 집 뒷마당에서 열었다. 시음회에 참석한 사람들은 이구동성으로 이 새로운 음료는 뭔가 특별하다는 평가를 내렸다.

코카나무   콜라나무

팸버튼은 이 음료수를 약국에서 한 잔에 5센트를 받고 팔기 시작했다. 펨버튼의 경리 사원이던 프랭크 M. 로빈슨은 이 음료수가 '코카'나무 잎의 코카인과 '콜라'나무의 카페인을 원료로 한 데에 착안하여 '코카콜라'라는 이름을 지어 붙이고 커다란 C자가 돋보이는 흘림체의 독특한 로고도 만들었다. 이후에 코카인은 마약으로 분류되어 원료에서 빠졌지만 '코카콜라'라는 이름은 바뀌지 않았다. 120년이 지난 오늘날 코카콜라는 UN 가입국보다도 많은 200여 개국에서 판매되고 있다.

아이디어 착상하기

정의 아이디어 착상은 어떤 일에 대한 구상, 착상, 고안, 착안 등 창작의 실마리가 될 만한 생각이나 구상 따위를 잡거나 그 생각이나 구상하는 것을 말한다.

해설 사람들의 욕망에 따라 불편한 것을 더욱 완벽하게 만들기 위해 끊임없이 노력한 결과, 지금처럼 찬란한 문명생활을 영위할 수 있게 되었다. 따라서 발명에서 아이디어 착상은 그 어느 과정보다 값지고 비중이 크며, 발명의 핵심이라 할 수 있다.

발명의 착상은 발명가마다 다르게 분석하고 다양한 착상 기법을 적용하고 있으나 여기에서는 발명의 종류와 일반적으로 사용하지 않는 아이디어 착상 전 불편한 것을 찾는 형식을 소개한다.

| 발명의 종류 |

구 분	설 명	비 고
착상 발명	순간적으로 떠오르는 발명	지우개 달린 연필
응용 발명	과학 원리를 필요로 하면서 더하기 기법을 이용해 만든 발명	휴대폰(휴대폰+카메라)
과학적 발명	과학 원리를 필요로 하는 발명	TV, 인공위성 로켓

아이디어 착상 훈련지 사용법

생.
각.
거.
리.

아이디어를 쉽게 착상하려면 불편한 문제를 먼저 찾아야 하고, 그 문제를 해결하기 위한 아이디어를 착상해야 발명품을 만들 수 있다. 막연하게 불편한 것을 찾으려면 불편한 것이 얼른 눈에 띄지 않는다. 특히 모든 발명품은 최적의 상태에서 비장애인(정상인)들이 이용하는 데 초점을 맞추었기 때문에 불편한 점을 찾기가 어렵다. 따라서 5W1H로 최악의 조건을 만들어 불편함을 찾는 방법을 소개한다. 예를 들면, "자전거를 탈 때 불편한 점을 찾는다면?" 하는 것이다.

- 언제: 비올 때, 바람 불 때, 야간에, 새벽에, 뜨거운 여름날, 눈보라 치는 겨울날……

- 어디서: 눈길에서, 자갈밭에서, 비에 젖은 아스팔트에서, 산악에서……

- 누가: 어린이가, 할아버지가, 할머니가, 발 한 쪽이 없는 사람이, 여자가……

- 무엇이 불편한가?

아이디어 착상 훈련지			
이 름		일 시	
제 목			

※ 다음은 결점을 찾는 방법의 예다. 이 조건을 참고하여 다음 문제를 생각해보세요.

1. ○○을 언제(때) 활용하는지 다양하게 상상하라.
2. ○○을 어디서(곳) 활용하는지 다양하게 상상하라.
3. ○○을 활용하는 사람을 나(누가) 외에 다양하게 상상하라.
4. ○○을 왜 이용하는가? 모양은 왜 그렇게 만들었을까?
5. ○○을 어떻게 만들고 있는가?
6. ○○의 부품별로 세분화시켜 결점을 찾아본다.

※ 다음에 제시된 물건들의 불편한 점을 찾아 적어보세요.

물건	자전거	화장실	자동차
불편한 점 열거하기	1.	1.	1.
	2.	2.	2.
	3.	3.	3.
	4.	4.	4.
	5.	5.	5.
	6.	6.	6.
	7.	7.	7.
	8.	8.	8.
	9.	9.	9.
	10.	10.	10.

역 브레인스토밍

정의 역 브레인스토밍(reverse brainstorming)은 확산적 사고 기법을 활용하여 생성한 아이디어의 수정이나 분석, 평가를 위한 수렴적 사고 기법으로, 브레인스토밍과 비슷하지만 아이디어를 생성해내는 것이 아니라 생성해놓은 아이디어에 대한 비판을 생성하기 위해 사용되는 아이디어 창출 기법이다.

해설 GE의 자회사 핫포인트(Hotpoint)가 고안한 발명 기법으로, 아이디어가 가질 수 있는 가능한 모든 문제점들을 찾아내고 그 아이디어가 실행될 때 문제점이 무엇인지를 예상하여 아이디어를 보완하는 데 중점을 두는 기법이다.

✅ **아이디어 평가 진행 과정**

❶ 아이디어를 낸 사람은 물론 참석자 모두가 아이디어를 평가할 수
있다.

❷ 선정된 아이디어의 목록과 목표 그리고 문제를 모두가 볼 수 있도
록 차트를 만들어 제시한다.

❸ 리스트의 순서대로 아이디어를 비판하고 비판 내용을 모두가 볼
수 있도록 차트로 작성한다.

❹ 전체 비판이 끝나면 비판 내용을 검토하여 수정하고 적절한 해결
책을 찾아낸다.

❺ 채택된 해결책의 실행 계획을 세운다.

문제 제시

'냉장고 문을 투명하게 만드는 것'에 대한 아이디어를 역 브레인
스토밍으로 비판해보자.

아이디어 비판

1. 지저분한 냉장고 속이 보일 것이다.

2. 냉장고 문이 잘 깨질 것이다.

3. 단열이 되지 않아 전기요금이 많이 발생할 것이다.

4. 제작비용이 더 많이 들 것이다.

5. 관리가 힘들 것이다.

6. 문 앞쪽에 음료수 병이 놓이면 냉장고 속이 보이지 않기는
기존 냉장고와 같은 것이다.

용도 바꾸기

정의 이미 용도가 정해진 것을 다른 곳에 응용하여 다른 용도로 사용해보는 발명 기법이다.

가령, 온도계의 용도를 바꾸어 체온계로 쓰는 것이다.

| 온도계

| 체온계

✔ **용도 바꾸기의 효과**

① 대체용으로 사용할 수 있다.

② 제작비용이나 연구비를 절감할 수 있다.

③ 효율성을 높일 수 있다.

| 발명품 예시 |

순 서	발명품	효 과
1	선풍기 ⟷ 환풍기	대체용으로 사용한다.
2	조명등 ⟷ 모기 잡는 살균등	효율성을 높인다.
3	가위 ⟷ 마늘 다지기	대체용으로 사용한다.
4	공기 방석 ⟷ 자동차 햇빛가리개	효율성을 높인다.
5	TV 리모컨 ⟷ 자동차 리모컨	대체용으로 사용한다.
6	모기장 ⟷ 그물(물고기 잡이용)	효율성을 높인다.
7	주전자 ⟷ 물뿌리개	효율성을 높인다.

발.명.사.례.

용도의 변화

한국의 새마을운동이나 일본의 일촌일품 운동은 모두 크기나 용도를 변화시킨 발명과 관련이 깊다. 물뿌리개는 주전자의 용도를 변화시켜 만든 것이다.

01_제작 동기

컵라면을 먹을 때 보면 대개 라면 뚜껑(lid)을 열고 손을 씻지 않은 상태로 스프를 꺼내 뜯어 넣는다. 좀 더 위생적으로 컵라면을 먹을 방법은 없을까 궁리하다가 이 발명품을 만들었다.

02_작품 요약

라면 스프는 손에 묻으면 찝찝하고 더러운 손으로 스프 봉지를 만져야 해서 비위생적일 때가 많은데, 쌀 종이에 스프를 싸서 손으로 만지지 않아도 되는 위생적인 스프로 물 붓는 구멍과 물의 양을 볼 수 있도록 만든 발명품이다.

03_작품 내용

1. 쌀 종이에 물을 살짝 뿌려 부드럽게 한 다음 스프를 담고 다시 물을 뿌리고 열을 가해 쌀 종이 스프를 만든다.
2. 컵라면의 측면을 절개하여 투명하게 한 후 물을 붓는 양을 짠 맛, 보통 맛, 싱거운 맛으로 구분하여 표시한다.
3. 물을 붓기 위해 뚜껑을 많이 뜯게 되면 열의 손실이 커서 라면이 잘 익지 않으므로 물을 붓는 구멍을 따로 만든다.

04_제작 결과

1. 스프를 손으로 만지지 않고 직접 물을 부을 수 있어 위생적이다.
2. 뚜껑을 뜯지 않고도 물을 부을 수 있어 열 손실을 최소화함으로써 라면 고유의 맛을 제대로 느끼며 먹을 수 있다.

3. 취향에 따라 물 양을 조절하여 싱거운 맛, 보통 맛, 짠맛을 고루 즐길 수 있다.

| 쌀 종이 스프 | 쌀 종이 스프 |
| 물의 양을 보는 곳 | 물을 붓는 곳 |

※ 기존 제품과 본 발명품의 비교

구 분	기존 제품	본 발명품
경제성	비교 불가	손으로 스프를 만지지 않아도 되어 위생적이다.
창의성	비교 불가	물 붓는 곳과 물의 양을 보는 창을 만들고, 쌀 종이에 스프를 싸도록 한 점이 창의적이다.
실용성	비교 불가	물의 양을 쉽게 조절할 수 있어 화상의 위험이 크게 줄었다.

육색 사고 모자

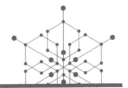

정의 육색 사고 모자(六色思考帽子, six hat thinking)는 여섯 색깔의 모자를 쓰고 각기 다른 사고를 하는 기법으로, 영국의 심리학자 에드워드 드 보노(Edward de Bono)가 고안한 것이다.

해설 여섯 가지 다른 색깔(특성)을 가진 모자를 쓰고, 한정된 사고를 하여 아이디어를 도출하는 방법으로, 토론자끼리 논쟁과 경쟁을 줄일 수 있는 평행적 사고 기법이다.

토론과 논쟁을 위한 사고의 가장 큰 문제점은 복잡성이다. 사고는 간명할 때 더 즐겁고 효과적인 반면 복잡해지면 혼란을 가중시키고 즐거움을 반감시킬 수 있다. 따라서 육색 모자 기법은 이런 혼란을 없애기 위해 두 가지 방안을 제시한다.

❶ 참석자들이 서로 다른 색깔의 모자를 쓰고 한 번에 한 가지 일만 다루게 함으로써 간명한 사고를 할 수 있도록 돕는다.

❷ 직설적이면서도 기분 상하지 않게 사고의 전환을 요구하는 표현 수단을 제공한다.

✔ 평행적 사고 훈련 프로그램

| 여섯 색깔 모자 기법 |

사고모자	사고방식	적용 예
하얀 모자	객관적 사고	객관적인 사실, 숫자, 정보, 데이터
빨간 모자	감정적 사고	예감, 감정, 기쁨, 느낌, 직관
검은 모자	긍정적 사고	경고, 어려움, 위험, 신중함, 주의
노란 모자	비판적 사고	이익, 이점, 희망, 가치
초록 모자	창의적 사고	창의, 대안, 아이디어
파란 모자	지휘자의 사고	사고의 계획·통제, 회의의 리더

✔ 논쟁적 사고의 문제점

논쟁적 토론은 의도적으로 반대의 관점에서 논쟁을 벌이는 방법이다. 이 방식은 서로 의견이 일치하지 않을 경우 서로 상대가 틀렸다는 것을 입증하기 위해 싸워야 한다는 데 문제점이 있다.

• 논쟁적 토론은 지나치게 공격적이고 경쟁심을 유발한다.
• 상대방을 제압함으로써 자신이 똑똑하다는 것을 과시하려는 경향이 있다.
• 자신의 주장을 약화시킬 수 있는 관점이나 정보를 숨길 수 있다.
• 합의된 의견을 도출하기가 힘들다.
• 논쟁이 격화될수록 비생산적으로 마무리되기 쉽다.

✅ 평행적 사고의 필요성과 장점

- 모든 참석자가 같은 방향으로 최대한 집중력을 발휘할 수 있어 효율적이다.
- 토론 시간을 많이 줄일 수 있다.
- 경쟁상황에서 벗어나 있어서 자존심 문제에서 자유롭다.

✅ 육색 모자의 학습 모형 적용

단 계	주요 활동	육색 모자 사고
문제 발견	• 동기 유발 • 학습문제 확인하기 • 학습의 필요성 확인하기	하얀 모자
아이디어 생성	• 문제를 다른 각도에서 검토하기 • 문제 해결을 위한 다양한 아이디어 생성하기	빨간 모자 검은 모자 노란 모자
아이디어 선택	• 아이디어 비교 검토하기 • 최적의 아이디어 선택하기	초록 모자
아이디어 적용	• 아이디어 적용을 통한 문제 해결 • 아이디어 적용 결과 평가하기	파란 모자

생.
각.
거.
리.

육색모자의 색깔별 특색

1. 초록 모자: 창조적 사고로 새로운 아이디어, 대안, 가정 등을 제안(≒브레인스토밍) ⇨ 2. 노란 모자: 논리를 바탕으로 긍정적 사고(타당성, 실행 가능성 모색) ⇨ 3. 빨간 모자: 감정, 본능, 육감과 관련(사과나 설득 없이 감정대로 행동) ⇨ 4. 검정 모자: 비판적 판단을 통해 실수나 잘못을 저지르지 않도록 하는 일종의 '경고 모자' ⇨ 5. 하얀 모자: 필요한 정보와 자료 전달 메신저 ⇨ 6. 파란 모자: 과정을 조직하고 통제(의제를 설정하고 다음 단계를 제시)

육색 모자 사고 기법

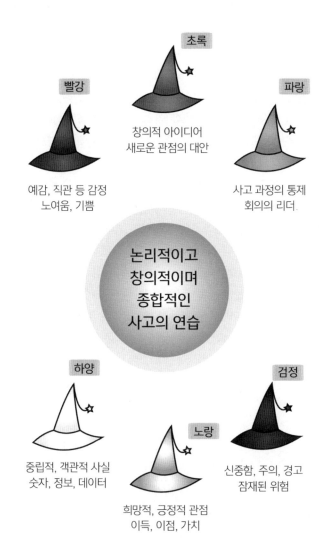

초록
창의적 아이디어
새로운 관점의 대안

빨강
예감, 직관 등 감정
노여움, 기쁨

파랑
사고 과정의 통제
회의의 리더.

논리적이고
창의적이며
종합적인
사고의 연습

하양
중립적, 객관적 사실
숫자, 정보, 데이터

노랑
희망적, 긍정적 관점
이득, 이점, 가치

검정
신중함, 주의, 경고
잠재된 위험

아내 사랑이 발명으로

발명을 하려면 자신감부터 가져야 한다. 미국인들은 누구나 자기가 발명가라고 자부한다. 그리고 발명처럼 유익하고 보람 있는 일이 없다고 생각한다. 이거 왜 안 되지? 아이 짜증나, 이것 좀 쉽게 해주는 사람 없나? 이거 어떻게 좀 고쳤으면 좋겠는데, 이거 이렇게 하면 어떨까? 이런 말을 달고 살면서 끊임없이 툴툴거리는 사람을 볼 수 있다. 당신이 이런 사람이라면 이미 자질이 출중한 발명가다. 발명가가 따로 있는 것이 아니다. 발명은 일상에서 겪는 불평불만, 난처함, 답답함을 어떻게 해소하고 극복할 수 있을까 궁리하는 데서 비롯한다.

1908년 어느 날 저녁, 도쿄 제국대학의 이케다 교수는 아내가 차려준 밥상에 앉다 말고 물었다.

"여보! 무엇을 넣고 끓였기에 이렇게 맛있는 냄새가 나요?"

"다시마를 넣고 끓였는데 맛이 어떨지 모르겠어요."

이케다는 홀로 자취생활을 하다가 장가를 든 이후로는 아내가 차려주는 밥상에 매번 감탄을 하면서 행복해했다. 그런 아내의 요리 솜씨를 널리 자랑하고 싶어서 안달이 났지만 좀처럼 묘안이 떠오르지 않았다. 그러던 어느 날 퇴근길에 학생들이 떠드는 실험 이야기를 듣고는 무릎을 쳤다. 바닷물을 가열하여 소금을 만든 예전의 과학 시간이 생각난 것이다.

'그래 그거야. 다시마 국물을 졸이면 뭔가가 나올 거야. 그것을 분석하면 답이 나오겠지.'

이케다는 집에 오자마자 아내에게 다시마 국물을 내달라고 부탁했다. 다시마 국물을 졸이다가 국물 속 섬유질을 건져내고 물기가 없도록 졸이다 보니 끝내는 백색 가루만 남았다. 그 백색 가루를 분석해보니 일부는 소금이고 일부는 글루탐산나트륨이라는 성분이었다.

'그래, 이것이로구나. 다시마 맛의 비밀은 바로 이 글루탐산나트륨에 있었군!'

그렇게 얻은 글루탐산나트륨을 음식에 조금 넣어 먹어보니 과연 없던 맛이 생겼다. 동료들이 도시락을 먹을 때도 그 가루를 조금씩 뿌려주었더니 모두

들 기가 막히게 변하는 음식 맛에 감탄했다.

스즈키 제약소에서 생산된 이케다의 조미료는 '아지노모토(味の素)'라는 이름을 달고 날개 돋친 듯 팔려나갔다. 일대 맛의 혁명이 일어났다. 아지노모토는 일본을 넘어 식민지 조선에서도 선풍적인 인기를 끌었다. 이후에 아지노모토는 아시아 전역에 퍼져 한때 한국의 미원과 조미료 전쟁을 벌이기도 했다.

MSG로 불리는 조미료의 주성분인 글루탐산나트륨(Monosodium glutamate)이 한때 유해성 논란에 휘말리기도 하고 천연 미각 상실의 주범이라는 혐의가 더해지면서 가정에서 인공 조미료 사용은 급감했지만 음식점 등에서의 사용은 여전하다. 중국과 동남아 등지에서는 오히려 인공 조미료 사용이 늘고 있다. 중국어권에서는 아지노모토가 '웨이징(味精)' 즉 '맛의 정수'로 불린다.

어릴 적 과학 시간에 했던 아주 간단한 실험 하나가 나중에 그 사람에게 영감을 주어 세상의 입맛을 변화시킨 위대한 발명으로 이어졌다는 사실을 떠올리면 아무리 하찮아 보이는 작은 실험일지라도 소중하다 하지 않을 수 없다.

글_전인기

자연을
이용한 발명

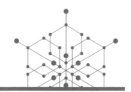

| 정의 | 생물의 생김새와 성질을 관찰하고 이를 응용하여 새로운 발명품을 만들어내는 발명 기법이다 |

| 도깨비 바늘

| 벨크로 테이프

해설

✅ **자연을 이용한 발명의 효과**

① 과학 원리를 알 수 있다.

② 인간과 친화력이 있다.

| 발명품 예시 |

순 서	발명품	효 과
1	독수리 ⇨ 팬텀기[강력한 힘]	공기의 흐름을 이용
2	도깨비바늘 ⇨ 벨크로 테이프	과학 원리를 이용
3	끈끈이 풀 ⇨ 파리 잡이 끈끈이	과학 원리를 이용
4	박쥐 ⇨ 초음파 레이더	과학 원리를 이용
5	장미 넝쿨 가시 ⇨ 철조망	과학 원리를 이용
6	잠자리 ⇨ 헬리콥터	과학 원리를 이용
7	약초 ⇨ 신약 개발	과학 원리를 이용

| 독수리

| 팬텀기

양들이 알려준 조셉의 철조망

미국의 가난한 대장장이 아들로 태어난 조셉은 어릴 적부터 아주 사소한 것도 눈여겨보는 뛰어난 관찰력을 지녔다.

초등학교를 졸업한 조셉은 중학교에 진학할 수 없어서 일찍이 목축업으로 성공하겠다고 결심했다. 목동이 된 조셉은 양들이 풀을 뜯어먹을 동안 책을 읽으며 미래의 꿈을 설계했다. 그러던 어느 한가한 오후, 목장 주인이 다급하게 외쳤다.

"조셉! 도대체 뭘 하고 있는 거냐? 저길 좀 봐라."

순간 조셉은 아찔했다. 양 몇 마리가 울타리를 넘어가 남의 농작물을 망쳐놓고 있었다. 당시의 울타리는 고작 말뚝을 박아 긴 막대나 철사를 두세 겹으로 엉성하게 매놓은 것이었다. 이후로도 양들은 조셉의 눈을 피해 이웃의 농작물을 망쳐놓기 일쑤였다.

'무슨 좋은 방법이 없을까?'

그렇게 밤낮으로 궁리하던 어느 날 조셉은 놀라운 사실을 발견했다. 양들은 가시가 있는 장미넝쿨 쪽을 피해, 막대나 철사로 둘러놓은 울타리 쪽으로만 넘어가고 있었다. 조셉은 회심의 미소를 지었다.

그날부터 조셉은 장미넝쿨을 조금씩 잘라 울타리에 매었다. 그러자 한동안 양들은 울타리를 넘지 않았다. 그러나 곧 꾀가 생긴 양들은 머리를 비벼 장미넝쿨을 떨어뜨리고 다시 넘어가기 시작했다.

그러던 어느 날, 조셉은 새로운 사실을 발견했다. 철사를 두 가닥으로 꼬아 연결한 다음 잘라낸 부분에 5cm쯤의 철사가시가 생긴 것을 본 것이다. 순간 조셉은 기발한 생각이 떠올랐다.

'맞아! 철사 울타리에도 가시넝쿨처럼 철사로 가시를 만들어 붙이면 되겠구나.'

그는 그날로 실행에 옮겼다. 완성된 철사가시는 가시넝쿨보다 수명도 훨씬 길고, 그 끝도 몇 배나 날카로웠다. 목장을 살피러 온 주인이 깜짝 놀라며 말했다.

"조셉, 정말 대단한 발명을 했구나. 서둘러 특허 출원을 해야겠다."

조셉은 목장 주인의 도
움으로 특허 출원을 하
고 목장 관리인이 되었
다. 이후 철사가시 울타
리는 널리 소문이 나서
밀려드는 주문을 감당
할 수 없을 만큼 대박이
났다. 이듬해 조셉의 철사가시는 미국을 비롯한 전 세계 주요 국가에 특허
등록이 되었다.

왕연중, 『발명 이야기』 중에서

작품설명서

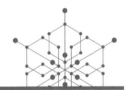

정의 작품설명서(作品說明書, production manual)는 작품 제작의 동기 및 목적, 작품 내용, 제작 과정, 제작 결과 및 효과, 전망 등을 체계적으로 기술하여 다른 사람이 알아보기 쉽도록 만든 설명서다.

해설

| 발명품 제작 과정 |

아이디어 선정 및 검색 ▶ 탐구 설계 및 제작 ▶ 작품 보완 ▶ 작품 설명 [차트] 작성 ▶ 전시 및 발표

✓ **작품설명서 제작 형태**

- 제작 동기
- 작품 요약

- 작품 제작 내용
- 기대되는 효과 및 전망

✅ 작품설명서 작성 요령

- 제작 동기: 발명 동기를 기록하는 것이 좋다. 개조식으로 작성하며 목적에 최대한 부합하도록 하고 요점만 간략히 서술한다.

- 작품 요약: 작품 제작 동기 및 작품 내용, 기대효과를 간략하게 압축시켜 정해진 글자 이내로 한눈에 쉽게 작품을 이해할 수 있도록 요약한다.

- 제작 내용: 과학적 원리와 작품의 제작 과정을 기록한다.

- 기대 효과: 기존 발명품과 어떻게 다른지(창의성, 경제성, 실용성, 편리성) 비교표를 만들어 기록하고 발명품의 제작으로 기대되는 효과를 기록하며, 종합적으로 표현하되 추상적인 표현이나 무리한 결론은 피하는 것이 좋다.

인간을 위한 디자인

'현대 디자인 전공자들의 교과서'로 불리는 쿠퍼 휴잇 국립 디자인 박물관에서 수행했던 디자인 전시 프로젝트를 책으로 담은 『뷰티풀 유저스(beautiful users)』(엘런 럽튼, 김예원, 한즈미디어, 2015)는 미국을 대표하는 1세대 산업 디자이너인 헨리 드레이퍼스의 디자인 제품부터, 세계 최고의 디자인 사료를 소장하고 있는 쿠퍼 휴잇 디자인 박물관의 자료들, 동시대를 대표하는 디자인 시제품, 완제품 등을 소개한다. 모든 장르의 디자이너들은 물론, 사람과 소통해야 하는 전문직 종사자들에게 영감을 줄 수 있는 '디자인 사고'로 가득한 이 책은 탁월한 '작품설명서' 모음이다.

재료를 바꾼 발명

| 정의 | 현재 사용하고 있는 물건의 재료와는 전혀 다른 재료로 같은 물질을 만드는 발명 기법이다. |

해설

| 재료를 바꾼 발명품 |

발명품	최초 재료	바꾼 재료	비고
당구 공	상아	플라스틱	
장갑	면	가죽, 플라스틱	
컵	유리	도자기, 플라스틱, 종이	
이쑤시개	나무	녹말가루	
가방	가죽	종이, 플라스틱	
자동차 범퍼	금속(무쇠)	플라스틱	
안경	유리	플라스틱	
신발	고무	플라스틱	
옷	섬유(면, 모, 실크)	플라스틱	

플라스틱 시대를 연 하이엇 형제

1863년 뉴욕 거리에 희한한 현상 모집 벽보가 나붙었다. 상아가 아닌 다른 재료로 당구공을 만들어내는 사람에게 1만 달러의 상금을 준다는 내용이다. 평소에 발명에 관심이 많고 동생과 함께 발명품을 만들어본 적도 있는 인쇄 공 존 하이엇은 벽보를 보고 구미가 당겼다.

19세기 미국의 부유층에서는 당구가 크게 유행했는데, 당구공은 아프리카 코끼리의 상아로 만들어야 해서 무척 비쌌다. 게다가 상아를 얻으려고 코끼리를 남획하는 바람에 『뉴욕타임스』가 코끼리의 멸종을 경고할 정도였다. 하이엇 형제는 나무가루, 헝겊, 아교풀, 녹말 등 여러 물질을 섞어 가열하고 단단하게 압축해 당구공을 만들었다. "재료를 바꾸라"는 원리에 따른 발명이었다.

하이엇 형제는 실패를 거듭하면서도 굴하지 않고 끈질기게 노력한 끝에 1869년 새로운 물질인 '셀룰로이드'를 만들어 특허 출원을 했다. 이 셀룰로이드는 당구공뿐 아니라 단추, 주사위, 영화 필름, 톱니 등에 널리 쓰이면서 하이엇 형제에게 큰 부를 안겨주었다.

지금은 당구공의 제조 성분을 철저하게 비밀에 부치고 있는 벨기에의 아라미스 당구공이 가장 널리 쓰이고 있는데, 오늘날 생산되는 저렴하고도 품질 좋은 당구공은 하이엇 형제의 발명이 바탕이 된 것이다.

하이엇 형제의 발명으로 플라스틱 시대가 시작되었다. 벨기에의 베이클랜드는 페놀과 알데히드를 반응시키면 합성수지가 생긴다는 독일의 화학자 폰 바이어의 논문을 집중적으로 연구하고 셀룰로이드의 단점을 보완해 1909년 신물질 '베이클라이트'를 만들어 냈다. 이로써 하이엇 시대에 시작된 플라스틱 시대가 만개하게 되었다.

「렛츠고 발명 십계명」 참조, 왕연중 감수

적용

정의 적용(適用, adapt)은 '어디에 사용할 수 있을까? 비슷한 것은 무엇일까?'를 생각하여 알맞게 이용하거나 맞추어 쓰는 것을 말한다.

해설 스캠퍼(SCAMPER)의 7가지 항목 중 하나다.

스캠퍼의 7가지 항목에 해당하는 단어들의 첫 글자를 따서 만든 것으로, 기존의 형태나 아이디어를 다양하게 변형시키는 사고 기법이다. 이 기법은 아이디어가 더 이상 나오지 않을 때 상상력에 자극을 주어 새로운 아이디어를 착상을 할 수 있도록 도와주는 발명 기법이다.

롤러스케이트의 발명

롤러스케이트를 발명한 사람은 미국의 제임
스 플림튼(James Leonard Plimpton)이다.
그는 매사추세츠 주에 있는 가구 공장에서
영업 사원으로 일하고 있었다. 하지만 하루
종일 돌아다니다 보니, 그만 신경통에 걸리
고 말았다. 의사는 적당한 운동, 즉 스케이팅
을 권했다. 그러나 그는 시간이 부족해서 운
동할 엄두를 못 냈다.

따라서 몸 상태도 더 나빠지고, 능률도 떨어지게 되었다. 쉽게 말해 스케이
팅을 시작할 수밖에 없는 상태가 되었다.

그래서 겨울 동안 스케이트를 탔다. 그러자 통증은 점차 줄어들었다. 그러나
봄이 오자 그는 스케이트를 타고 싶어도 더 이상 탈 수가 없었다. 따뜻한
날씨 때문에 얼음이 모두 녹아버린 것이다.

플림튼은 생각했다.
'사계절 내내 스케이트를 탈 수는 없을까?'
고민을 계속하던 어느 날이었다. 어린 아들이
집 안을 빙빙 돌며 신나게 놀고 있었다. 바퀴가
달린 장난감을 타고 말이다. 바로 그 모습은
플림튼을 그 자리에서 얼어붙게 했다.
'그래! 스케이트에 바퀴를 다는 거야. 얼음 대
신 평지에서도 탈 수 있도록……'

이렇게 해서 탄생한 것이 세계 최초의 롤러스케이트다. 그는 특허 출원을
서둘렀다. 그리고 1863년 이른 봄, 대량 생산의 물꼬를 텄다. 롤러스케이트
는 순식간에 미국 전역에 퍼졌고, 얼마 후부터 롤러스케이팅이 최고의 스포
츠로 각광받기 시작했다.

글_왕연중

정투상법

정의 정투상법(正投象法, orthographic projection)은 물체의 각 면을 수직 방향에서 바라본 모양을 그려 물체를 나타내는 방법이다. 정투상도에는 제3각법, 제1각법 등이 있으며 이것은 4등분한 투상 공간에 제3면각에 물체를 놓고 본 모양을 그리는 정투상도를 제3각법이라 하고 제1면각에 놓고 본 모양을 그리면 제1각법이라고 한다.

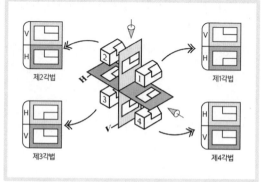

| 투상의 원리

해설 물체를 바라볼 때 시선은 '눈→투상면→물체'의 순서가 되는 제3각법으로 도면을 작성하는 것이 물체를 이해하기 쉬워 한국산업규격(KS)에서는 제3각법으로 도면을 작성하는 것을 원칙으로 하고 있다.

또한 물체를 그리기 위한 화면을 바라보았을 때의 모양을 그리는 화면에 따라 이름을 입화면, 측화면, 평화면으로 정했다.

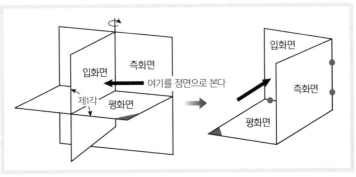

| 입화면 찾기

- 입화면: 투영도에서 물체를 정면에서 보았을 때의 모양을 그리는 화면
- 측화면: 투영도에서 물체를 옆면에서 보았을 때의 모양을 그리는 화면
- 평화면: 투영도에서 물체를 위에서 보았을 때의 모양을 그리는 화면

┃ 제3각법으로 도면 그리기 ┃

투상면	설 명	투상면	설 명
입화면	물체를 정면에서 보았을 때의 모양을 그리는 화면	정면도	물체를 앞에서 보고 그린 도면
측화면	물체를 옆면에서 보았을 때의 모양을 그리는 화면	측면도	물체를 옆에서 보고 그린 도면
평화면	물체를 위에서 보았을 때의 모양을 그리는 화면	평면도	물체를 위에서 보고 그린 도면

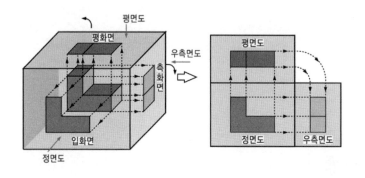

제1각법

정의 제1각법(1st angle)은 물체를 제1면각의 투상 공간에 넣은 다음 '눈→ 물체→ 투상면'의 순서로 각 면에 직각인 방향에서 본 모양을 각각의 투상면에 나타낸 다음, 입화면을 기준으로 하여 평화면과 측화면을 펼쳐서 나타내는 방법이다.

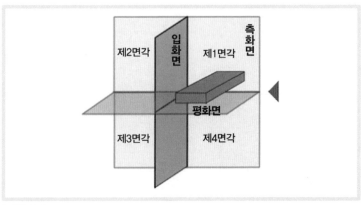

┃입화면 찾기

 해설 물체를 제1면각에 놓고 물체를 바라볼 때 시선은 '눈 → 물체 → 투상면'의 순서가 되는 제1각법으로 도면을 작성한 것이다. 제3각법이 물체를 이해하기 쉬워 한국산업규격(KS)에서는 제3각법으로 도면을 작성하는 것을 원칙으로 하고 있어 제1각법은 많이 사용하지 않고 있다.

그리고 투상면은 그림처럼 직교하는 세 화면 가운데 물체를 그리기 위해 바라보는 위치에 따라 화면에 이름을 입화면, 측화면, 평화면으로 정했다.

- 입화면: 투영도에서 물체를 정면에서 보았을 때의 모양을 그리는 화면
- 측화면: 투영도에서 물체를 옆면에서 보았을 때의 모양을 그리는 화면
- 평화면: 투영도에서 물체를 위에서 보았을 때의 모양을 그리는 화면

| 제1각법으로 도면 그리기 |

투상면	설 명	투상면	설 명
입화면	물체를 정면에서 보았을 때의 모양을 그리는 화면	정면도	물체를 앞에서 보고 그린 도면
측화면	물체를 옆면에서 보았을 때의 모양을 그리는 화면	측면도	물체를 옆에서 보고 그린 도면
평화면	물체를 위에서 보았을 때의 모양을 그리는 화면	평면도	물체를 위에서 보고 그린 도면

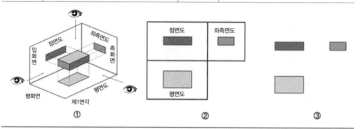

제1각법과 제3각법 비교

제1각법을 그린 다음 180도 회전시키면 제3각법의 도면이 된다.
그 이유는 제1각법과 제3각법이 서로 180도 다른 제1면각과 제3
면각에 위치하기 때문이다.

제1각법으로 그린 도면은 '눈→ 물체→ 투상면'으로 그리게 된
그림이고, 제3각법은 '눈→ 투상면→ 물체'의 상태로 도면을 그
린 것이다.

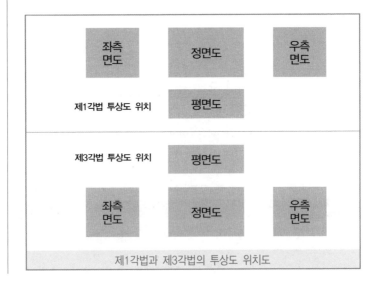

제1각법과 제3각법의 투상도 위치도

제3각법

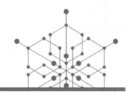

정의 제3각법(3rd angle)은 물체를 제3면각의 투상 공간에 넣은
다음, 눈→ 투상면→ 물체의 순서로 각 면에 직각인 방향에
서 본 모양을 각각의 투상면에 나타낸 다음, 입화면을 기준으로 하여
평화면과 측화면을 펼쳐서 나타내는 방법이다.

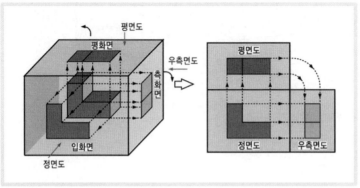

| 제3각법으로 그린 도면]

해설 물체를 바라볼 때 시선은 '눈→투상면→물체'의 순서가 되는 제3각법으로 도면을 작성하는 것이 물체를 이해하기 쉬워 한국산업규격(KS)에서는 제3각법으로 도면을 작성하는 것을 원칙으로 하고 있다.

그리고 투상면은 그림처럼 직교하는 세 화면 가운데 물체를 그리기 위해 바라보는 위치에 따라 화면에 이름을 입화면, 측화면, 평화면으로 정했다.

- 입화면: 투영도에서 물체를 정면에서 보았을 때의 모양을 그리는 화면
- 측화면: 투영도에서 물체를 옆면에서 보았을 때의 모양을 그리는 화면
- 평화면: 투영도에서 물체를 위에서 보았을 때의 모양을 그리는 화면

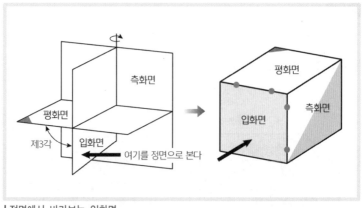

| 정면에서 바라보는 입화면

| 제3각법으로 도면 그리기 |

투상면	설 명	투상면	설 명
입화면	물체를 정면에서 보았을 때의 모양을 그리는 화면	정면도	물체를 앞에서 보고 그린 도면
측화면	물체를 옆에서 보았을 때의 모양을 그리는 화면	측면도	물체를 옆에서 보고 그린 도면
평화면	물체를 위에서 보았을 때의 모양을 그리는 화면	평면도	물체를 위에서 보고 그린 도면

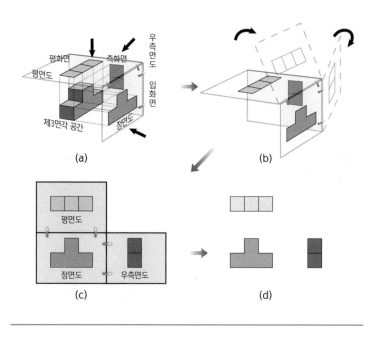

제작도

정의 제작도(製作圖, shop drawing)는 완성된 구상도를 바탕으로 제품의 모양, 크기, 구조 등이 자세하게 나타나 있는 도면이다. 제작도는 조립도, 부품도, 상세도로 나뉜다. 제작도는 정투상도를 이용하여 그린다.

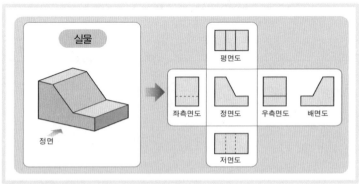

실물

평면도

좌측면도　정면도　우측면도　배면도

정면

저면도

| 구상도를 정투상도로 나타낸 도면

해설

조립도	조립 작업을 할 때 사용되는 각 부품을 나타낸 것으로, 제품의 조립 상태를 알 수 있다.
부품도	각 부품을 가공하기 위해 그리는 것으로, 만들고자 하는 부품의 모양, 치수, 가공 방법 등 부품 제작에 필요한 사항을 기록한다.
상세도	작아서 표현할 수 없는 것을 확대하여 상세하게 나타낸 것을 말한다.
시방서	제작할 때 도면에 나타내기 어려운 유의 사항이나 제작 방법을 도면 아래쪽에 글로 써 넣는 것을 말한다.

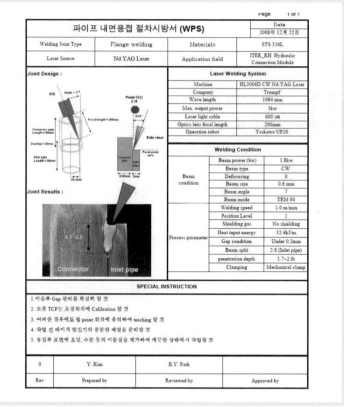

| 시방서(示方書) 그리기 예

조감도

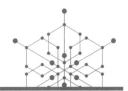

정의 조감도(鳥瞰圖, bird's - eye view)는 새가 높은 곳에서 아래를 내려다본 것처럼 지표면을 공중에서 비스듬히 내려다보았을 때 모양을 그린 그림이다.

해설 새가 비스듬히 아래로 내려다보는 모양이라서 조감도라고 한다. 주로 건설 현장에서 건축물이 완성되었을 때 모양을 투시 투상도를 이용하여 그린다. 대부분의 건축물은 조감도대로 지어지지만 비용이나 기술상의 문제로 조감도와 다르게 지어지는 경우도 있다. 조감도는 목적이 되는 목적물 외의 주변지역은 최대한 실제에 맞게 그린다. 조감도는 지상 건축물만 나타내는 것이 아니라 지하 건축물을 나타내기도 한다.

✅ 조감도 그리는 순서

도면 그리기	설 명
1단계	물체의 특징이 가장 잘 나타나는 곳을 정면으로 잡아 정면도를 그린다.
2단계	작성자가 원하는 방향과 위치를 정하고 일정한 거리에 소점을 잡는다.
3단계	각각의 꼭짓점과 소점을 연결한다.
4단계	정면에 평행하게 선을 긋고 불필요한 선은 모두 삭제한다.
5단계	바깥 선은 굵은 실선으로 긋고 투상도를 완성한다.

✅ 조감도 그리기 예

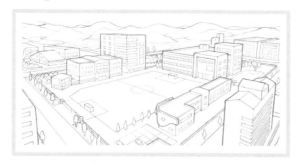

✅ 투시투상도로 그린 조감도

창의력

정의 창의력(創意力, creativity)은 새로운 생각이나 의견을 생각 해내는 능력이다. 기존에 있던 생각이나 개념을 새롭게 조합해 새로운 생각이나 개념을 찾아내는 정신적이고 사회적인 과정이기도 한다.

해설

✅ **창의성의 구성 요소**

- 민감성
  문제 상황에 대해 새로운 탐색 영역을 넓히려는 사고로, 문제 해결의 초기 단계에서 요구되는 사고 능력이다. 오감을 통해 관찰력을 키운다.

- 유창성

가능한 한 많은 양의 아이디어를 생각해내는 사고로, 많은 아이디어를 낼수록 만족할 만한 해결책을 찾을 수 있게 된다. 제한된 시간 내에 많은 아이디어를 생성해내는 것이다.

- 융통성

  기존의 틀에 벗어나 다른 각도에서 해결책을 찾아내는 사고로, 고정적 사고에서 탈피해 다양하게 해결 방안을 찾아내는 능력이다. 폭넓은 사고를 키우는 능력이다.

- 독창성

  독특하고 새로운 아이디어를 기존의 것과 다르게 생각해내는 사고로, 남들과 다른 독특하고 기발한 아이디어다. 창의적 사고의 궁극적인 목표는 독창성이다.

- 정교성

  기존 아이디어를 정교하고 새롭게 만들어 내는 사고로, 선택한 아이디어를 구체화시켜 정교하게 다듬는 능력이다. 정교성은 창의적 사고의 마지막 단계다.

창의력, 위기를 도약의 기회로!

한국은 1960~1970년 당시에는 자본도 기술도 없었다. 그러다보니 우리에게 돈을 빌려주는 나라도 일자리를 주는 나라도 없었고, 설상가상으로 1973~1974년 사이에 기름 값이 4배로 오르는 1차 오일쇼크를 맞게 되어 국민의 궁핍한 생활은 극에 달하게 된다. 그런데 한국 경제는 1975년부터 중동 석유 특수를 맞아 위기를 기회로 삼게 된다. 중동 석유 특수는 석유 값 폭등으로 중동 석유의 특수 호황으로 '달러 박스'가 등장하니 그것이 바로 '중동 특수'였다. 오일 값의 고공행진으로 달러를 많이 갖게 된 중동에서는 그 돈으로 경제를 살리기 위한 경제 건설과 함께 고속도로 건설을 하려 하는데 사우디 사막의 날씨가 워낙 더워 공사에 참여하려는 나라가 없게 되자 한국에게 기회가 주어진다.

당시 현대 정주영 회장은 사우디아라비아의 고속도로 공사 참여를 앞두고 박정희 대통령과 이런 이야기를 나눈다.

정주영: 지성이면 감천이라더니 하늘이 돕습니다.

박정희: 무슨 말입니까?

정주영: 중동은 건설 공사가 제일 쉬운 지역입니다. 일 년 열두 달 비가 없으니 일 년 내내 공사를 할 수 있고 건설에 필요한 모래, 자갈이 현장에 널려 있으니 자재 조달이 쉽고 물은 어디서나 실어오면 됩니다.

박정희: 50도가 넘는 더위는 어찌하고요?

정주영: 낮에는 에어컨 틀어놓고 자고 밤에 일하면 됩니다.

　(이 대화 끝에 박정희는 정부 관계자를 불러 현대의 중동 건설 사업을 최대한 지원하도록 지시한다.)

당시 한국인들은 실제로 낮에는 자고 밤에 횃불을 들고 일했다. 아니 경우에 따라서는 밤낮으로 일했다. 고속도로 건설에 나선 삼환건설은 횃불을 밝히고 24시간 3교대 작업으로 촉박한 공기를 오히려 일주일이나 앞당겨 전 세계를 놀라게 했다. 30만 명의 근로자가 파견되고, 보잉 707로 달러를 가득 싣고 돌아왔다.

체크리스트 법

정의 체크리스트 법(checklist of law)은 문제 해결 방법의 기준을 미리 정해놓고 폭넓은 각도로 점검해 다양한 사고를 유발시키는 발명 기법이다.

해설 문제를 생각할 때 기준도 없이 막연하게 생각하다보면 아이디어가 잘 나오지 않는다. 이때 일정한 기준을 세우고 하나씩 체크하면서 질문해가면 더욱 효과적으로 아이디어를 창출할 수 있다. 이것이 바로 체크리스트 법이다.

✔ 체크리스트 법의 결점
① 체크리스트에 지나치게 의존하면 새로운 문제에 필요한 것을 빠뜨릴 우려가 있다.
② 없는 것까지 체크하느라 시간을 낭비할 우려가 있다.
③ 체크리스트에 의존하다보면 자신의 생각이 상실될 우려가 있다.

브레인스토밍 기법을 창안한 알렉스 F. 오스본은 자신이 개발한 '오스본 체크리스트 법'에서 일정한 기준의 75가지 질문을 사용하는데 그중 대표적인 9가지가 많이 쓰인다. 그리고 미 육군에서 사용하는 핵심 요소는 '5W, 1H 체크리스트 법'이다. 아놀드 교수가 창안한 'MIT 체크리스트 법'은 설계를 생각할 경우 반드시 고려해야 할 4가지 원칙을 강조한다.

✅ 오스본의 대표적인 9가지 질문

① 용도를 바꾸면?

있는 그대로 다른 곳에 쓸 수 있는 방법은 없을까? 약간 수정하면 다른 용도로 쓸 수 없을까?

② 적용하거나 응용하면?

이것과 비슷한 다른 것은? 기존 아이디어와 유사한 점은? 이것이 암시하는 다른 아이디어는? 내가 그대로 따올 수 있는 것은? 내가 겨루어볼 수 있는 사람은?

③ 수정하거나 새롭게 구성하면?

색광, 의미, 냄새, 형식, 모양, 동작 등을 변화시키면?

④ 확대하면?

덧붙여 보면? 시간을 더 길게 하면? 더 자주 하면? 더 강하게 하면? 더 높고, 더 길고, 더 두껍게 하면? 두 배로 늘리면?

⑤ 축소하면?

빼면? 더 작게 하면? 응축시키면? 더 낮게 하면? 더 짧고 가볍게 하면? 더 단순화하면? 쪼개면? 표현을 삼가면? 제거하면?

⑥ 대치하면?

대신할 물건은? 또 다른 구성 요소는? 다른 물질은? 처치 방법을 바꾸면? 다른 동력은? 다른 음색은? 다른 장소는?

⑦ **재배열하면?**

구성 요소를 상호 교환시키면? 다른 형식으로 배열하면? 다르게 짝지으면? 다른 순서로 놓으면? 원인과 결과를 바꿔놓고 보면? 속도를 바꾸면?

⑧ **뒤바꾸면?**

긍정과 부정을 뒤바꿔놓으면? 반대로 되는 것은? 뒤집어 거꾸로 놓으면? 역할을 바꾸면? 다른 쪽은?

⑨ **결합시키면?**

혼합물, 합금, 분류, 조화를 이루거나 만들어 보면? 단위를 결합하면? 용도를 합치면? 아이디어를 결합하면?

✅ **5W 1H 체크리스트 법**

what	why	where
무엇을 할 것인가?	왜 그것이 필요한가?	어디서 사용할 것인가?

when	who	how
언제 사용할 것인가?	누가 사용할 것인가?	어떻게 사용할 것인가?

✅ **아놀드의 4가지 원칙**

① **기능을 증가시켜라.**

발명품이라면 더 좋은 새로운 기능을 낼 수 있도록 설계한다. (예: 냉장고는 찬 바람을 내는 것이 원 기능이지만, 다시 더운 바람을 내는 온장고 기능을 추가한다. 토스트기로 빵 굽는 것의 기능을 보고 커피도 끓일 수 있는 기능을 추가한다.)

❷ 성능을 향상시켜라.

제품의 수명은 길게 하면서, 좀 더 편리하게 사용하고, 안전하고 정확하면서 유용하게 사용할 수 있는 방법을 생각하여 성능을 향상시켜야 한다.

❸ 단가를 최소한으로 낮춰라.

원가를 절감할 수 있는 방법을 생각하면서 쓸모없는 부분을 없애고, 값비싼 재료는 바꾸어보고, 부품을 표준화하고, 제조 방법을 능률화하고, 작업을 자동화하여 생산비를 더 낮출 수 없는지 생각해야 한다. (예: 대우전자의 TANK주의 운동)

❹ 판매력을 증강시켜라.

더 많은 사람의 주의를 끌도록 제품의 포장을 개선하는 등 더 많이 팔 수 있는 방법을 생각해야 한다.

이 4가지 원칙은 어느 한 분야에만 몰두하다보면 다른 분야를 잊어버리는 결함을 막기 위한 것이다. 예를 들면, 어떤 발명품은 성능은 뛰어나지만 디자인이 조잡하고, 또 다른 발명품은 디자인은 뛰어나지만 성능이 떨어진다. 따라서 이 4가지 원칙을 지켜 발명을 한다면 모든 면에서 고루 뛰어난 발명품을 만들 수 있을 것이다.

01_ 제작 동기

가끔 가속 페달을 잘못 밟아 귀중한 생명을 잃었다는 뉴스를 접한다. 초보 운전자인 어느 초등학교 선생님이 브레이크 페달을 밟는다는 것이 그만 가속 페달을 밟아서 인명사고를 일으켰다는 뉴스를 듣고 이 발명품을 만들게 되었다.

02_ 작품 요약

1. 자동차의 액셀러레이터(가속 페달)에 완충기(snubber)를 달아 급가속을 방지했다.

2. 에어 완충기 끝 부분에 작은 구멍을 내어 가속 페달을 밟으면 서서히 에어가 빠지면서(주사기의 원리) 가속 페달이 작동하므로 급가속을 막아 초보 운전자의 안전 운전을 돕도록 했다.

3. 자동차 운전이 익숙해지면 에어 완충기의 구멍을 확대시켜 기존의 자동차와 같게 만들어 급가속을 필요로 하는 곳에서 급가속을 할 수 있도록 만들었다.

03_ 작품 내용

1. 초보 운전자가 급히 브레이크를 밟으려다가 실수로 액셀러레이터를 밟아도 급가속이 되지 않고 서서히 가속되도록 하여 사고를 막도록 했다.

2. 운전 숙련도에 따라 에어 완충기의 작동 상태를 조절할 수 있게 하여 운전이 능숙하게 되면 급가속이 가능하도록 했다.

3. 이 에어 충전기를 장착하면 급가속이 없어져 연비가 높아지므로 경제적이다.

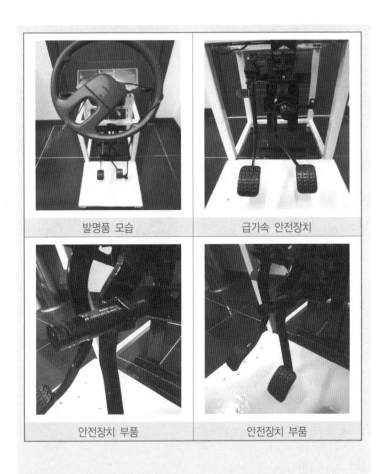

발명품 모습	급가속 안전장치
안전장치 부품	안전장치 부품

04_ 제작 결과

1. 가속 페달을 잘못 밟더라도 큰 사고를 방지할 수 있어 안전성에서 획기적인 발명품이다.

2. 급가속을 막아 연비를 높여주므로 경제적인 발명품이다.

3. 운전이 숙달되면 간단한 조절로 일반 자동차와 같이 사용할 수 있게 하여 실용적이다.

초점법

정의 초점법(焦點法, focal method)은 렌즈 초점에 빛을 모으듯이 서로 아무런 관계도 없는 것들을 강제로 결부시켜 새로운 아이디어를 창출하는 발명 기법이다.

해설 대상에 구애받지 않고 자유롭게 요소를 설정하고 연상할 수 있다. 초점법의 연상 능력은 두뇌의 유연성까지 강화할 수 있는 훈련법으로 다음과 같이 진행할 수 있다.

예를 들어 당신이 냉장고 디자인에 관한 문제를 생각했다면 당신은 무엇이든지 냉장고와 전혀 관계가 없는 물건 한 가지를 선택한다. 그리고 그 선택한 물건과 냉장고를 강제로 연관 지어 새로운 아이디어를 찾아낸다.

하나 더 예를 들면 의자의 디자인을 구상하는데 아무 상관 없는 전구를 연관 지어 사람이 앉으면 불이 켜지는 의자를 만들 수 있다.

| 진행 방법 |

순위＼내용	내 용
1	과제의 대상을 정한다.
2	그 과제 대상의 주제와 결부시킬 것을 생각한다.
3	그 대상과 강제로 결부시킨다.
4	전혀 말도 안 되고 어울릴 수 없는 것이라 해도 강제로 연결시킨다.
5	결부시킨 상태에서 아이디어를 생각하고 정리한다.

운.
영.
사.
례.

초점법을 이용한 아이디어 창출

[사회자] 오늘 여러분은 초점법을 적용하여 '냉장고' 디자인에 관한 새로운 아이디어를 내주시기 바랍니다. 자유롭게 생각하시고, 구상한 내용을 발표해주시기 바랍니다.

(구성원들이 생각할 시간을 준 후 발표를 시킨다.)

[갑돌] 저는 냉장고와 전구를 연결해보았습니다.

* 전구는 유리로 만들었다. ⇨ 냉장고를 유리로 만들 수는 없을까?
* 전구는 빛을 낸다. ⇨ 냉장고가 빛을 내게는 할 수 없을까?
* 전구는 둥글다. ⇨ 냉장고를 둥글게 만들 수는 없을까?
* 전구는 투명하다. ⇨ 냉장고를 투명하게 만들 수는 없을까?
* 전구는 가볍다. ⇨ 냉장고를 가볍게 만들 수는 없을까?

갑돌이 말한 전구의 특성을 집중적으로 연상하면

* 전구는 빛을 낸다. ⇨ 냉장고를 빛이 나게 만들 수는 없을까?
* 빛이 나는 것은 아름답다.
* 아름다운 것은 꽃이다. 꽃의 연상 범위를 넓히면서 아이디어를 착상해보면 냉장고를 꽃처럼 만들 수 없을까?

- 꽃은 다양하다. 장미, 백합, 개나리, 진달래 모양을 결합한 냉장고는 만들면 어떨까?
- 꽃은 향기가 난다. 냉장고에서 음식물 냄새를 잡아주고 꽃향기가 나는 냉장고를 만들 수는 없을까?

[갑순] 저는 냉장고를 밀가루 반죽과 연결해보았습니다.
- 밀가루 반죽은 원하는 형태를 만들기 쉽다. ⇨ 냉장고 형태를 언제든 원하는 형태로 쉽게 바꿀 수는 없을까?
- 밀가루 반죽은 부드럽다. ⇨ 냉장고도 부드럽게 만들어 부딪쳐도 다치지 않게 할 수는 없을까?

필터 교환 시기를 알려주는 **똑똑한 정수기**

01_제작 동기
환경오염이 심해짐에 따라 정수기 사용이 크게 늘어났다. 그런데 정수기의 생명은 물을 깨끗하게 걸러주는 필터다. 대부분의 사용자는 필터의 교체를 정수기 회사의 담당 코디에게 전적으로 맡겨 둔다. 문제는 학교나 회사와 같이 많은 사람이 자주 사용하는 정수기와 가정과 같이 몇 사람이 가끔 사용하는 정수기는 필터의 수명이 크게 다르다는 데 있다. 따라서 교환 시기에 문제가 있다고 생각하고 이 발명품을 만들게 되었다.

02_작품 요약
필터의 정수 기능을 정확히 파악하여 수돗물을 정량적으로 정수할 수 있게 하여 지정한 정량 횟수 이상 사용하면 하면 정수기에서 부저가 울리고 빨간 경고등 불이 들어오게 하여 사람들이 깨끗한 물을 마실 수 있게 만든 발명품이다.

03_ 작품 내용

1. 정수기에 카운터를 연결한다.
2. 카운터는 LED로 표시되도록 한다.
3. 지정한 정량 횟수의 물을 배출하면 부저가 울리고 빨간색 불이 들어오게 하여 교환 시기를 알려주도록 만들었다.

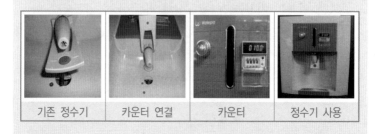

| 기존 정수기 | 카운터 연결 | 카운터 | 정수기 사용 |

04_ 제작 결과

1. 필터를 너무 일찍 교체하여 비용이 낭비되는 일이 없어졌다.
2. 필터를 너무 늦게 교체하여 비위생적인 물을 먹는 일이 없어졌다.
3. 필터를 언제쯤 교체해야 하나 고민할 필요가 없어졌다.

※ 기존 제품과 본 발명품의 비교

구 분	기존 제품	본 발명품
경제성	작은 사무실이나 가정과 같이 정수기를 자주 사용하지 않는 곳도 일정 기간마다 필터를 갈아주어 비용이 낭비된다.	필터 교환 시기를 정확하게 알려주어 오염된 물을 마시는 일이 없도록 해주고, 멀쩡한 필터 교체로 예산을 낭비하지 않도록 해준다.
창의성	지금 사용하고 있는 일반 정수기는 필터의 정확한 교환 시기를 알 수 없다.	필터 교환 시기를 알려주는 정수기는 교환 시기를 시간이 아니라 정량 횟수로 알려준다는 점에서 창의적이다.
실용성	한번 필터를 교환하면 대개 두 달 정도 사용하지만 물의 사용량, 오염 정도에 따라 필터 교환 시기도 달라져야 한다.	사용한 물의 양을 지정해 그 이상의 물을 사용하면 부저가 울리고 경고등이 들어와 필터 교환 시기를 정확하게 알 수 있다.

크기 바꾸기 발명

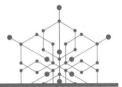

정의 물건의 크기, 두께, 시간, 횟수, 온도 등을 큰 개념 또는 작은 개념으로 생각하여 새로운 것을 만들어내는 발명 기법이다.

┃보료와 방석(보료를 절단한 방석)

해설

✔ 크기 바꾸기의 효과

❶ 부피를 줄일 수 있어 공간을 덜 차지한다.

❷ 많은 사람이 공유할 수 있다.

❸ 휴대하기가 간편하다.　❹ 원료를 절감할 수 있다.

❺ 산업에 활용할 수 있다.　❻ 경제적이다.

| 발명품 예시 |

순 서	큰 것을 작게 ⟷ 작은 것을 크게	효 과
1	휴대폰	휴대가 간편하다.
2	풍차 ⟷ 바람개비	산업에 활용할 수 있다.
3	대형 세탁기 ⟷ 일인용 세탁기	경제적이다.
4	대용량 가습기 ⟷ 미니 가습기	공간을 적게 차지한다.
5	보료 ⟷ 방석	많은 사람이 공유할 수 있다.

순 서	작고 얇게 ⟷ 크고 두껍게	효 과
1	책 ⟷ CD	보관이 편리하다.
2	라디오 ⟷ 귓속 라디오	휴대가 간편하다.
3	냉장고 ⟷ 미니 냉장고	보관이 편리하다.
4	TV ⟷ DMB	이동이 자유롭고 편리하다.
5	기둥시계 ⟷ 손목시계	휴대가 간편하다.

순 서	긴 것을 짧게 ⟷ 짧은 것을 길게	효 과
1	우산 ⟷ 접는 우산	휴대가 간편하다.
2	자바라(회사 정문)	산업에 이용한다.
3	줄자	휴대가 간편하다.
4	유리창 청소기	보관이 편리하다.
5	길이 조절 지휘봉	휴대 및 보관이 간편하다.

크기를 바꾼 발명

한 학생이 실험 스탠드를 들고 와서는 실험 준비실이 스탠드의 막대 때문에 진열하는 데 불편할뿐더러 실험실을 크게 차지해서 거추장스럽단다.

선생님: 그래 그럼 어떻게 하면 해결할 수 있을까?
학생: 위로 솟은 막대만 없애면 쉽게 해결할 수 있을 것 같습니다.
선생님: 그래. 그럼 잘라 오렴. 발명의 원칙에서 불편한 것의 원인을 제거하

라 하지 않았니? 그러니 솟은 막대가 불편하면 잘라 오렴.

(다음날 학생이 막대를 잘라 왔다.)

학생: 선생님 막대를 잘라 왔습니다.

선생님: 그래 그럼 실험해봐.

학생: 선생님 막대가 없어 실험을 할 수가 없는데요.

선생님: 그래 그럼 다시 막대를 붙여 오렴

(학생은 난감해하면서 투정이다.)

학생: 선생님께서 막대를 잘라 오라시더니 다시 붙여 오라는 것이 말이 됩니까?

선생님: 그래도 실험을 하려면 막대가 스탠드에 있어야 하지 않겠니? 그러니 다시 붙여 오렴.

(학생은 울상이 되어 돌아가더니 다시 막대를 붙여 왔다.)

선생님: 수고했구나. 그런데 스탠드를 다시 정리해보렴.

학생: 할 수 없는데요.

선생님: 그럼 다시 잘라 오렴.

(학생이 투정을 하며 집으로 돌아간 다음날 학생의 어머니가 찾아와 역정을 낸다.)

어머니: 선생님! 우리 아들에게 무슨 억한 감정이라도 있으십니까? 왜 잘라라 붙여라 하시면서 똥개 훈련을 시킵니까?

학생의 어머니에게 학생이 아주 좋은 아이디어를 찾을 수 있는 기회를 얻었다고 말해주고 실험할 때와 정리할 때 분리가 가능한 스탠드를 만들 것을 주문했더니, 며칠 후에 스탠드 받침대 밑에 막대를 사진처럼 잘라 끼울 수 있는 장치를 만들고 막대의 양끝에 탭(tap)과 다이스(dies) 작업(나사를 내는 작업)을 하여 나사로 조립할 수 있게 만들어 왔다. 완성된 작품으로 실험을 하니 보관만 편리한 것이 아니라 높은 장치의 실험을 할 때 기존의 실험대는 밑을 받쳐야 했는데 이 발명품은 막대를 더 연결하면 쉽게 해결이 되는 등의 장점이 있어 생각보다 더 좋은 결과를 얻을 수 있었다.

글_전인기

투상도법

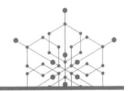

정의 　투상도법(投像圖法, projection)은 물체로부터 떨어져 있는 광원에 의해 물체의 상이 만들어지는 것으로 물체의 모양을 원근감이 나타나도록 나타내는 방법이다. 투상도법에는 투시투상도와 평행투상도가 있다.

해설 　투시투상은 눈(eye point)의 위치가 투상 면으로부터 가까운 곳에 있고 투사선이 한 시점에서 바퀴살 모양으로 뻗치는 투상법이다.

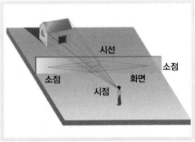

| 투시투상도의 원리

투상도는 시선의 방향에 따라 여섯 종류가 있다.

시선의 방향	명칭	
A	정면도(front view)	
D	우측면도(right side view)	
F	배면도(rear view)	
C	좌측면도(left view)	
B	평면도(top view)	
E	저면도(bottom view)	

보통 평면도 정면도 측면도 3개의 투상으로 충분히 물체의 모양과 크기를 나타낼 수 있다.

■ 제3각법을 사용하는 이유
1. 실선으로 나타낸 선이 많은 투상도(숨은선이 적어야 함)
2. 정면도를 중심으로 평면도와 우측면도 선택(좌측면보다 우측면도, 배면도보다 평면도를 선택하는 것이 좋다).

■ 정면도를 선택하는 기준
1. 물체의 특징이 가장 잘 나타나는 면으로 선택
2. 평면도나 측면도에 가급적 실선을 사용하는 정면도 선택 (숨은선보다 실선)
3. 자연스럽고 물체의 안정감을 주는 면을 선택하는 것이 좋다.

투시투상도

정의 투시투상도(透視投象法, perspective projection drawing)는 소점을 이용하여 원근감이 나타나도록 그리는 입체투상법으로, 물체를 실제로 보는 것과 같은 입체감이 나타나도록 그리는 투상법이다

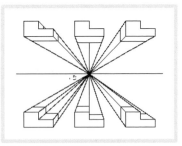

|투시 다점 투시투상도로 그린 도면

해설 이 기법은 물체의 외형을 눈에 보이는 대로 그리는 기법이다. 이 기법으로 도면을 그리면 위의 그림처럼 소점에서 가까우면 작고 멀리 떨어지면 점점 커지는 형태로 그려진다. 이 도면은 입체면의 실제 크기가 정확하게 나타나지 않아도 되는 건축물의 조감도에 주로 사용되고 정밀한 기계에서는 거의 사용되지 않는다.

| 투시투상도를 그리는 순서 |

도면 그리기	설 명
1단계	물체의 특징이 가장 잘 나타나는 곳을 정면으로 잡이 정면도를 그린다.
2단계	작성자가 원하는 방향과 위치를 정하고 일정한 거리에 소점을 잡는다.
3단계	각각의 꼭짓점과 소점을 연결한다.
4단계	정면에 평행하게 선을 긋고 불필요한 선들은 모두 삭제한다.
5단계	외형선은 굵은 실선으로 긋고 투상도를 완성한다.

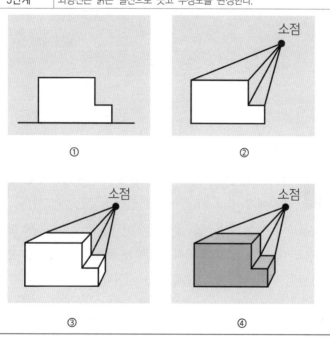

조감도에 사용된 용어

생. 각. 거. 리.

소점: 물체의 모서리 선을 연장시켰을 때 선과 선이 만나는 점.

조감도: 높은 곳에서 아래를 내려다본 것처럼 지표를

공중에서 비스듬이 내려다보았을 때 모양을 그린 그림

특허

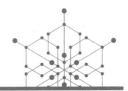

정의 특허(特許, patent)는 새로운 산업 지식 재산을 만들어낸 발명자에게 일정 기간 독점적 권리를 주는 제도다.

특허 제도의 첫 번째 목적은 발명자의 권익을 보호함으로써 발명을 장려하는 데 있다. 두 번째 목적은 정보를 공개함으로써 관련 분야의 기술 발전에 기여할 수 있도록 하는 것이다.

해설 특허권을 얻기 위해 충족시켜야 할 발명의 기본 요건은 다음과 같다

❶ 발명의 성립성: 자연 법칙을 이용한 고도한 것이어야 한다.

❷ 산업 적용 가능성: 산업에서 이용 가능해야 한다.

❸ 진보성: 쉽게 생각하기 어려운 진보성이 있어야 한다.

❹ 신규성: 기존에 없던 새로운 것이어야 한다.

단, 위의 조건을 충족시킨다 해도 특허를 받을 수 없는 발명

❶ 공공질서와 미풍양속을 해치는 발명

❷ 공중위생에 해를 끼칠 수 있는 발명

✅ 산업재산권

특허, 실용신안, 디자인, 상표로 새로운 지식재산을 만든 사람에게 일정 기간 독점적으로 주어지는 권리로, 지식재산권의 하나다. 지식재산권은 지적 창작물을 보호하는 무체재산권이며, 그 보호 기간이 한정되어 있다.

산업재산권을 가진 사람은 이 권리를 이용하여 물건을 독점적으로 생산·판매할 수 있으며, 다른 사람에게 기술료를 받고 사용하는 것을 허락할 수도 있다.

✅ 발명부터 특허 출원까지의 과정

우리나라는 선출원주의(先出願主義)를 따르므로 특허를 출원하기로 결정했으면 신속하게 출원해야 한다.

평가행렬법

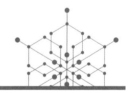

정의 평가행렬법(評價行列法, evaluation matrix)은 다양한 아이디어 중 하나를 선정하기보다는 착상한 모든 아이디어의 강점과 약점을 파악하고 보완하기 위한 기법이다.

해설 평가행렬법은 아이디어를 미리 정해놓은 기준에 따라 체계적으로 평가하고자 할 때 사용하며, 아이디어의 강점과 약점을 확인하고 보완하기 위한 수렴적 사고 기법이다.

평가 대상 아이디어는 세로축, 평가 준거는 가로축에 적은 행렬표를 만들어 평가한다.

이 기법은 생성된 대안들을 평가할 때 활용되며, 대안들은 어떠한 준거에 따라 체계적으로 평정 척도를 제시하여 평가하는 것으로, 체계적으로 아이디어를 정리할 수 있는 장점이 있는 반면, 시간과 노력이 많이 드는 단점도 있다.

| 평가행렬법 진행 과정 |

구 분	설 명
행렬표 준비	행렬표 왼쪽에는 평가 대상 아이디어를 쓰고, 오른쪽에는 아이디어 평가 준거를 적는다.
행렬표 완성	· 준거에 따른 평정 체제를 정해서 각 아이디어에 대한 평가를 행렬표에 기록한다. · 평정 척도에 따라 점수를 부여한다. · 평정 척도 예) 1~5점 또는 1~3등 / 수~가/ −1,0,+1/A~E
결과 해석	행렬표의 결과를 보고 각 아이디어가 어떤 점에서 긍정적이고 어떤 점에서 부정적인지를 해석하여 아이디어의 강점을 부가하고 약점을 보강하는 최선의 아이디어를 찾아낸다.

새로운 냉장고에 대한 아이디어를 평가하기 위한 평가행렬법의 예

평가 준거 아이디어	심미성	창의성	안전성	실용성	경제성
냉장고의 문을 투명하게 만든다.					
냉장고에서 발생하는 열을 이용하여 온장고를 만든다.					
일상적으로 먹는 반찬 칸을 따로 만든다.					
냉장고 표면에 아름다운 그림이나 무늬를 넣는다.					
냉장고 문에 온도계를 설치한다.					
냉장고 문에 냉장고의 내용물을 기록할 수 있는 기능을 설치한다.					
냉장고 문에 바코드를 읽을 수 있는 리더기를 설치한다.					
냉장고 문을 좌우로 열 수 있도록 만든다.					

폐품을
활용한 발명

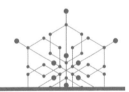

정의 사용하고 버려지는 폐품을 활용하여 새로운 물건을 만드는 발명 기법이다.

해설 쓰고 나서 아무렇게나 버리는 물건을 재활용한다면 쓰레기 도 자원이 된다. 가정에서부터 시작하는 분리 배출은 아름 다운 환경을 만들고 자원 생산성을 높여 자원 선순환 사회를 만들어 가는 첫걸음이다. 재활용품은 환경부 지침에 따라 종이류, 유리병류,

폐비닐류, 종이팩류, 플라스틱류, 캔류, 소형 가전류 등 7종으로 구분하여 배출하고 있으며, 1996년 3월부터는 폐스티로폼도 분리수거하여 재활용하고 있다.

✅ **자원 재활용을 통한 발명의 효과**
① 쓰레기를 줄일 수 있다.
② 환경오염을 줄일 수 있다.
③ 자원을 절약할 수 있다.
④ 자원 부족 문제를 해결할 수 있다.

| 발명품 예시 |

순 서	발명품	효 과
1	페트병 ⇨ 물품보관함	자원을 절약할 수 있다.
2	폐타이어 ⇨ 완충제(트랙)	환경오염을 줄일 수 있다.
3	연탄재 ⇨ 벽돌	쓰레기를 줄일 수 있다.
4	폐목재 ⇨ 파티클 보드	쓰레기를 줄일 수 있다.

생. 각. 거. 리.

자원의 순환

자원의 순환 방법에는 재사용과 재활용이 있다. 재사용(reuse)은 가전제품, 컴퓨터, 의류, 유리병과 같은 쓰고 버린 물건을 손질하여 그 용도대로 다시 사용하는 것이다. 재활용(recycling)은 쓰고 버린 물건을 재가공하고 다른 방식으로 되살려 사용하는 것이다. 예를 들어 폐지를 종이상자로 다시 만들어 쓰거나 페트병을 가공하여 건축자재로 쓰는 것이다. 특히 재사용은 다른 자원의 추가 투입이나 별도의 제조 공정 없이 약간의 손질만으로 버려진 물건을 다시 사용할 수 있어 자원 절약 효과가 크다.

01_제작 동기

목이나 날개 일부가 파손되긴 했지만 다른 데는 멀쩡한데도 그냥
버려지는 선풍기를 보면서 아깝다는 생각이 들어 달리 활용할 방
법이 없을까 궁리하다가 이 재활용품을 만들게 되었다.

02_작품 요약

버려진 선풍기를 재활용하여 다리가 짧은 선풍기, 교반기, 전기
멀티 탭, 패션 가방 등을 제작했다.

03_작품 내용

■ 버려진 선풍기의 분류와 구상도

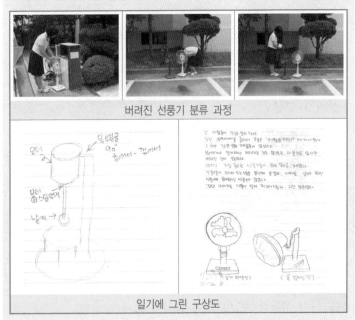

버려진 선풍기 분류 과정

일기에 그린 구상도

버려진 선풍기를 해체하여 날개, 모터, 스탠드, 안전망, 타이머 등의 재활용 가능한 부품을 분류할 수 있었다.

| 다리 짧은 선풍기 | 교반기 | 안전 전기 콘센트 | 패션 가방 |

04_ 제작 결과

1. 이 작품은 환경을 오염시키는 폐자원을 재활용한 환경 친화 제품이다.
2. 버려진 선풍기만을 이용하여 부품 구입비가 전혀 들지 않아 경제적이다.
3. 기존 제품처럼 편리하게 활용할 수 있어 실용성이 뛰어난 재활용품이다.
4. 폐자원을 재활용하므로 부존자원이 부족한 우리나라에 바람직한 제품이다.

파손 부분	활용 부품	생산된 재활용품
스탠드	모터와 날개	다리가 짧은 선풍기
날개 파손	몸통과 모터	교반기
날개, 스탠드 파손	타이머	안전 전기 콘센트
전체 파손	선풍기 안전망	패션 가방

하이라이팅 기법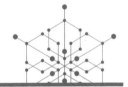

정의 하이라이팅(highlighting) 기법은 아이디어를 평가하고 선택하는 간단하면서 효과적인 방법으로, 아이디어 중에서 적절한 것을 선정하여 이들을 서로 관련된 것끼리 묶어서 문제 해결을 위한 대안들을 분석하는 사고 기법이다.

해설 하이라이팅 기법을 통해 일차로 평가한 대안들을 좀 더 구체적으로 분석해볼 필요가 있을 때는 역 브레인스토밍, PMI, ALU 대화 기법 등을 활용할 수 있다.

먼저 히트한 대안에 리스트를 작성하고 같은 성격의 아이디어나 대안들 간에 어떤 관계를 중심으로 공통 주제끼리 영역을 만들어 조직화하고 조직화된 영역 중에서 공통의 주제를 다시 진술한다.

구 분	설 명
히트(hits) 아이디어 선정하기	아이디어를 나열해 그중에서 가장 적절해 보이는 것에 표시를 한다.
핫스팟(hot spots) 찾기	히트 아이디어들 중에서 서로 관련된 것들끼리 분류해 핫스팟을 찾아낸다.
각 핫스팟에 대해 진술하기	핫스팟의 의미와 가능한 결과를 탐색하고, 핫스팟의 구체적 의미를 진술한다.
해결 방법 찾기	가장 적합한 핫스팟 혹은 몇 개의 핫스팟을 조합하여 문제해결에 가장 적절한 해결책을 찾는다.

생. 각. 거. 리.

핫스팟의 본래 의미

핫스팟(hot spot, 활기가 넘치는 곳)은 무선 랜 서비스 지역, 즉 주변의 통신이 가능한 구역을 일컫는데, 본래는 정치·군사적 분쟁 지역이나 사람들이 많이 몰리는 유흥가를 뜻하는 용어였다. 무선 랜 기지국 역시 (응답 반경이 최대 200m 정도밖에 되지 않아서) 주로 사람이 많이 몰리는 장소에 설치되기 때문에 이 용어를 그대로 빌려 쓴 것이다.

고성능 휴대폰이라도 기지국이 없으면 사용할 수 없듯이, 무선 랜도 무선으로 전파를 중계하는 기지국이 없으면 인터넷을 이용할 수 없다. 핫스팟은 중계를 위해 설치한 무선 랜 기지국을 일컫기도 한다.

다음 표는 "어떻게 하는 것이 학교생활을 보람되게 하는 것일까?"
의 문제를 해결하고자 하는 아이디어 중에서 히트 아이디어를 선
정하고 히트 아이디어를 영역별로 분류해 핫스팟을 찾은 예다.

하이라이팅 기법 사례

문제 인식

어떻게 하는 것이 학교생활을 보람되게 하는 것일까?

차 례	아이디어 내용	히트 표시
1	공부를 열심히 한다.	✔
2	용돈을 번다.	
3	학교를 일찍 가서 자율 학습을 한다.	✔
4	봉사활동을 한다.	✔
5	운동을 열심히 한다.	✔
6	예습과 복습을 열심히 한다.	✔
7	친구들과 폭넓게 사귄다.	
8	학교 행사에 적극적으로 참여한다.	✔
9	알찬 학교생활을 할 수 있게 계획표를 짠다.	✔
10	상급 학교 진학을 위한 스펙을 쌓는다.	
11	취미 생활을 열심히 한다.	✔
12	학생회 간부를 맡아본다.	✔

핫스팟 찾기

A 영역	B 영역	C 영역
1. 공부를 열심히 한다. 3. 학교에 일찍 가서 자율학습을 한다. 6. 예습과 복습을 열심히 한다.	4. 봉사활동을 한다. 5. 운동을 열심히 한다. 8. 학교 행사에 적극적으로 참여한다. 11. 취미생활을 열심히 한다.	12. 학생회 간부를 맡아본다.

형태분석법

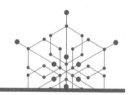

정의 형태분석법(形態分析法, morphological analysis)은 아이디어 회의에서 수집된 많은 아이디어 중 옥석을 고르기 위해 문제의 해결책에 빠져서는 안 될 모든 조건을 나열해서 커다란 표를 만들고, 이들의 교차점을 이용해서 가장 적합한 방법을 선택하는 발명 기법의 하나다.

해설 요소분석형 강제연상법의 대표적인 기법이다. 형태 분석 및 우주 추진력 연구로 유명한 프리츠 즈위키(Fritz Zwicky) 박사가 에어로제트 사 재직 중(나중에 캘리포니아 공과대학 우주공학 교수)에 고안한 기법으로, 체크리스트 법과 속성 열거법을 입체적으로 조합한 발상법이다.

아이디어를 만드는 것만큼이나 중요한 것은 아이디어를 분석하여 필요한 것을 취사선택하는 것이다. 특히 신제품 기술 개발이나 제품 포장의 개량 등 더욱 신중하고 치밀한 계획과 아이디어가 필요한 경우엔, 아이디어 분석이 매우 중요한 비중을 차지한다. 아이디어를 정리하고 분석하는 방법에는 여러 가지가 있으나 형태분석법을 사용하는 것이 가장 효과적이다.

이 기법은 문제의 해결책에 빠져서는 안 될 모든 조건을 나열해서 커다란 표를 만들고, 이들의 교차점을 이용해서 가장 적합한 방법을 선택하는 것이다. 이를 이용하면 조건들이 변화할 경우 마지막 결과의 변화 또한 쉽게 예측할 수 있고, 모든 조건을 충분히 고려해서 실패의 가능성을 최소한으로 줄일 수 있는 장점이 있다.

모든 제품 속성은 요인들의 각 수준이 결합하여 이루어진다. 이 기법을 사용하는 데 가장 중요한 것은 요인을 잘 잡아내는 것이다. 요인은 명사(대상), 형용사(성질)나 장소, 기능으로 정할 수도 있고 재료, 내용, 모양 등으로 정할 수도 있다.

| 진행 방법 |

구분 순위	진행 과정	내 용
1	문제 정의	문제를 정확하게 정의한다.
2	요인 찾기	주어진 문제의 요인 중 두 가지를 선택한다.
3	속성열거법 도표 작성	선택된 두 요인을 도표의 가로축과 세로축으로 정하고 각각의 속성을 찾아 해당 축에 기록한다.
4	아이디어 생성	각 도표의 가로축과 세로축의 속성들을 체계적으로 다양하게 결합하여 새로운 아이디어를 생성한다.
5	아이디어 평가	생성된 아이디어의 실효성을 평가한다.

우유병의 형태분석법

재료＼모양	둥근형	사각형	삼각형
유리	둥근형 유리	사각형 유리	삼각형 유리
비닐	둥근형 비닐	사각형 비닐	삼각형 비닐
종이	둥근형 종이	사각형 종이	삼각형 종이
알루미늄	둥근형 알루미늄	사각형 알루미늄	삼각형 알루미늄
플라스틱	둥근형 플라스틱	사각형 플라스틱	삼각형 플라스틱

우유병의 형태분석법을 통한 분석 자료를 보고 우유를 넣을 수 있는 더 좋은 아이디어를 찾아보는 방법이다.

기업에서 활용한 예

다음 표는 한국철도공사에서 작성한 새로운 철도 상품 개발을 위한 형태분석표이다.

※ 새로운 철도 상품 개발을 위한 형태분석표

기능＼대상	검표	대합실	매표	역	편의시설	플랫폼	예약	화물	운송	객실	개찰	기타
빠르다												
경제적이다												
편리하다												
재미있다												
안전하다												
조용하다												
친절하다												
추억이 있다												
품격이 있다												
유익하다												
현대적이다												
깔끔하다												
운동 가능하다												
용변 해결												
편안하다												
단체 이동 가능												

아이디어

- 적용 열차는 고속열차, 관광열차, 자기부상열차 등을 포함한 모든 열차 및 역사
- 인터넷, 휴대폰 등을 통한 손쉬운 예약(은행, 우체국 등에 열차예약 단말기 설치)
- 열차 내 오락실(게임방, 노래방 등) 설치
- 열차 내 수면실 설치
- 냄새 차단 장치 설치(냄새 나는 화물 따로 보관)
- 향기 나는 객실 및 역사 실내
- 플랫폼까지 편리하게 이동할 수 있는 장치
- 장애인(휠체어)도 열차에 쉽게 탈 수 있도록 하는 장치
- 다양한 실내 인테리어
- 좌석에서 전원 사용 가능, 인터넷 사용 가능
- 대합실 내부에 그 지역의 특산물, 관광지 등을 소개
- 역사에서 열차까지 안내하는 친절한 승무원 배치
- 역사 건물을 역마다 다르게 설계
- 역마다 다른 바닥그림 및 벽화(열차 안에서 보이도록)
- 객실 내 환풍기 시설
- 터널식 자동 세차를 통한 깔끔하고 깨끗한 열차 외관

모든 일에는 실패의 위험이 도사리게 마련이다. 아이디어를 만들고, 이를 바탕으로 상품화하는 경우에도 마찬가지다. 그러나 모든 문제에 해결책이 있듯이 실패의 위험에도 부분적이나마 해결책이 존재한다. 바로 체계적이고 치밀한 분석이다.

성공을 바란다면 무엇보다 먼저 주어진 환경을 분석하라. 그러면 행운은 저절로 따라와 줄 것이다.

확산적 사고법

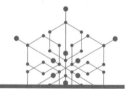

정의 확산적 사고법(擴散的思考法, divergent thinking of law)은 하나의 답을 정하지 않고, 열린 마음으로 가능한 다양한 답을 제시하는 과정이다. 주어진 문제에 대하여 아이디어의 연계와 관련성을 신경 쓰지 않고 많은 아이디어를 창출해내는 과정이다.

해설 1950년, 미국의 심리학자 조이 길포드(Joy P. Guilford)는 사고 유형으로 확산적 사고와 수렴적 사고를 제안했다. 확산적 사고 기법에는 브레인스토밍, 브레인라이팅, 육색 사고 모자 기법, 마인드맵, 스캠퍼, 트리즈 등이 있다. 노벨상을 두 번이나 받은 미국의 물리학자 루이스 폴링(Linus Pauling)은 "좋은 아이디어를 얻는 최상의 방법은 다양한 아이디어를 많이 흡수하는 것"이라고 했다. 확산적 사고가 문제 해결의 후보를 찾아가는 과정이라면 수렴적 사고는 문제 해결 후보를 제거해가는 과정이다.

확산적 사고와 수렴적 사고 기법을 통한 문제 해결 사례

문제 인식

콜라병에 든 콜라를 마시려는데 병따개가 없다.

■ 확산적 사고의 문제 해결 방법

콜라를 마시려는 이유는 목이 마르기 때문이다. 따라서 병따개가 없으면 굳이 콜라를 마실 필요가 없다. 콜라를 마시고자 하는 목적은 갈증 해소에 있다. 갈증 해소를 위해 다른 마실 것을 찾는 것도 해결 방안이다.

1. 물컵을 준비하여 물을 마신다.
2. 오렌지를 대용으로 먹는다.
3. 콜라 대신 뚜껑을 손으로 열 수 있는 음료수를 마신다.
4. 과일이나 빙수를 먹는다.
5. 콜라 병을 깨뜨려 콜라를 마신다.

■ 수렴적 사고의 문제 해결 방법

콜라를 마시려 했으니 반드시 병에 들어 있는 콜라를 마셔야 한다. 따라서 해결 방법은 두 가지다.

1. 병따개를 찾아서 뚜껑을 따고 콜라를 마신다.
2. 병을 깨뜨리고 그 병 속의 콜라를 따라 마신다.

이처럼 확산적 사고는 구하고자 하는 답을 정하지 않고 다른 여러 가지 방법을 모색하는 데 비해 수렴적 사고는 반드시 그 하나에서 해결 방법을 찾는 것이다.

확산적 사고는 통제된 문제에는 큰 도움이 안 될지 모르나 폭넓은 사고를 요하는 문제에서는 많은 도움이 된다. 확산적 사고를 통해 가능한 많은 자료를 확보한 뒤 수렴적 사고를 통해 구체적인 아이디어를 찾는 방법으로 문제를 해결하는 방법이다.

희망점 열거법

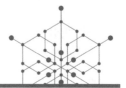

정의 　희망점 열거법(希望點列擧法, hope point listing)은 개선하려는 대상에 대해 미래에 이런 것들이 있었으면 하고 바라고 상상한 것을 나열하여 앞으로 바라는 것을 실현하기 위해 추구하는 아이디어 발상 기법이다.

해설 　희망점 열거법은 적극적인 발명 기법으로, '앞으로 이런 것이 이렇게 되었으면 좋겠다'고 생각하는 것을 말한다. 문제의 대상이나 개선하고자 하는 문제 물건 등에 대하여 먼저 희망점을 제시한 뒤 다음에 희망을 충족시키기 위한 아이디어를 제시하도록 하는 기법이다

예를 들면, 청소를 하지 않아도 집안이 깨끗했으면 좋겠다든가 만년필에 잉크를 충전하지 않고 쓸 수 있으면 좋겠다든가 라면을 끓이지 않고 먹을 수 있으면 좋겠다든가 하는 것 등이다.

희망점 열거법을 통한 문제 해결 사례

문제 인식

냉장고 안에 들어 있는 내용물이 너무 많아 언제 무엇을 어떻게 해먹어야 할지 몰라 예전에 사다 놓은 식재료가 유통기한을 넘기는 경우가 종종 있다.

희망사항

과거 20년 전의 냉장고와 현재의 냉장고를 비교하고 앞으로 미래에는 어떤 냉장고가 있었으면 좋을지 깊이 생각해보고 바라는 냉장고를 구상해서 발표한다.

- 냉장고 속이 투명하게 보이는 냉장고가 있었으면 좋겠다.

요리법까지 알려주는 스마트 냉장고

- 음식물을 보관만 하는 냉장고가 아니라 유통기한도 알려주고 요리법도 알려주는 스마트한 냉장고가 있었으면 좋겠다.

- 버튼만 누르면 냉장고 안의 음식물이 앞으로 나오는 냉장고가 있었으면 좋겠다.

- 자동으로 냉장고 속의 청소가 되는 냉장고가 있었으면 좋겠다.

희망점 열거법으로 발명한 선풍기

운동을 한 뒤 친구들과 선풍기 바람을 서로 쐬려고 다투다 한쪽
만 시원한 것이 아니라 '360도가 동시에 시원한 선풍기'가 있었으
면 좋겠다고 생각하고 그린 도면이다.

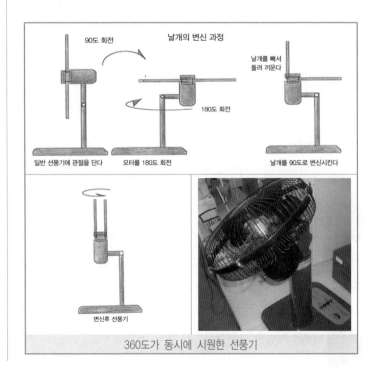

일반 선풍기에 관절을 단다
모터를 180도 회전
날개를 90도로 변신시킨다
변신후 선풍기

360도가 동시에 시원한 선풍기

ALU 기법

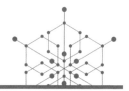

정의 ALU(advantage limitation and unique qualities) 기법은 이미 제시된 아이디어를 수렴적 사고 기법을 사용하여 평가하는 방법으로, 아이디어의 강점〔A(advantage)〕, 약점〔L(limitation)〕, 특성〔U(unique qualities)〕을 살펴본 후에 하나 또는 여러 개의 아이디어를 집중 분석하고 평가하여 선택하는 방법이다.

해설 ALU 기법은 하나 또는 몇 개의 아이디어를 더 면밀히 살펴볼 필요가 있을 때, 어떤 아이디어가 매우 마음에 들더라도 그보다 면밀히 살펴볼 필요가 있을 때, 어떤 아이디어가 매우 마음에 들기는 하지만 그것을 더 발전시키고 싶을 때, 그럴듯한 아이디어를 집단의 모든 사람이 이해하고 공감하도록 더욱 발전시키고 싶을 때 사용한다. 진행 과정은 다음과 같다.

- 1단계: 강점(이점, 장점) 또는 긍정적인 측면을 고려한다.
- 2단계: 제한(약점, 단점) 또는 개선이 필요한 영역을 찾아낸다.
- 3단계: 새로운 아이디어가 지닌 특성을 확인한다.

ALU 기법의 예

다양한 아이디어를 정리하여 ALU 기법으로 아이디어를 평가한 후 최종 아이디어를 선택한다.

구 분		아이디어 평가
		구글 안경
아이디어 평가 예시	A(강점)	휴대가 간편하고 사용이 편리하다.
	L(약점)	메모리 용량이 적고 파손되기 쉽다.
	U(특성)	어디에서나 사용이 가능하다.

구글 안경

ALU 사용의 또 다른 예

학교에서의 책상과 급식 그리고 2층 버스 도입을 채택하기 위해 ALU 기법을 사용하여 최종 선택한 아이디어의 예다.

구 분 ＼ 아이디어	2층 버스의 도입
강점 (advantage)	1, 2층으로 많은 사람을 태울 수 있다.
약점 (limitation)	예산이 많이 들고 높이가 낮은 터널이나 육교가 있는 곳에서는 통행이 어렵다.
특성 (unique qualities)	2층에 탑승하여 시내를 관광할 수 있다.

PMI 기법

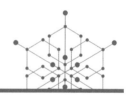

정의 PMI(plus minus interesting) 기법은 아이디어를 찾고자 하는 특정 대상의 강점과 약점 그리고 흥미로운 점을 각각 기록한 다음, 이들 각각을 분석하고 판단하여 최선책을 찾는 발명 기법이다.

P	M	I
강점(plus)	약점(minus)	흥미(interesting)
아이디어의 장점	아이디어의 단점	아이디어의 흥미로운 점
아이디어의 장점을 모두 열거	아이디어의 단점을 모두 열거	고려할 가치가 있다고 여기는 것을 모두 열거
좋은 아이디어라고 결론을 지을 수 있다.	별로 좋은 아이디어가 아니라고 판단할 수 있다.	또 아이디어를 새롭게 생각해낼 수 있다.

해설 PMI 기법에서는 아이디어를 산출할 때 P, M, I를 철저히 분리하여 생각해야 한다는 점에 유의해야 한다. 이 기법은 동시에 여러 요인이 혼합되어 작용하는 사고의 상황에서 하나씩의 단계를 거쳐 더욱 냉철하게 사고를 전개시킬 수 있는 장점이 있다.

구 분	설 명
강점(P)	제시된 아이디어의 장점 [나는 왜 이것을 좋아하는가?]
약점(M)	제시된 아이디어에 대한 단점 [나는 왜 이것을 좋아하지 않는가?]
흥미로운 점(I)	제시된 아이디어에서 흥미롭거나 특이한 점 [내가 흥미롭게 생각하는 점은 무엇인가?]

PMI 기법은 에드워드 드 보노(Edward de Bono)가 1973년에 고안한 수렴적 사고 기법으로, 이미 제시된 아이디어를 평가하는 방법이다. 아이디어의 강점(P), 약점(M), 흥미로운 점(I)을 살펴본 후 하나의 아이디어를 집중 평가한다.

에드워드 드 보노(Edward de bono)

1933년 영국 몰타(Malta) 주에서 출생했으며, 옥스퍼드 대학 심리학과에서 생리학으로 박사 학위를 받았다. 1967년 인간의 창의적 사고에 관한 최초의 본격 연구서로 평가받는 『수평적 사고(The Use of Lateral Thinking)』(이은정 옮김, 한언, 2005)를 펴내면서 세계적인 인물로 떠올랐다. 이후 『여섯 색깔 모자(Six thinking Hats)』(정대서 옮김, 한언, 2011)를 펴내 새롭게 주목받았다. 60여 권 이르는 그의 저서는 30여 언어로 번역되어 50여 나라에서 출간되어 상당수가 베스트셀러에 올랐다.

① 주어진 순서에 따라 다양한 의견 내기

② 여러 아이디어를 긍정과 부정으로 나누어 적기

③ 적은 내용 중에서 흥미로운 점 찾아내기

④ 모둠별로 모은 의견을 정리하여 발표하기

운.
영.
사.
례.

어머니 발명교실을 운영하면서 오늘 불편했던 점을 말해보라고 했다. 한 어머니는 발명교실에 오려고 옷을 갖춰 입고 세면대에서 손을 씻으려는데 느닷없이 샤워기에서 뿜어 나온 물이 옷을 다 적셨다며 불만을 털어놓았다.

다음은 샤워기를 이용하여 물을 받거나 머리를 감을 때 좌충우돌하면서 움직이는 샤워기의 문제를 PMI 기법으로 해결한 사례다.

구 분	아이디어 : 샤워기 헤드 부분을 오뚝이 원리를 이용해 항상 물이 아래로 쏟아져 물이 다른 곳으로 튀지 않게 한다.
강점(P)	· 제작 후 사용이 편리하다. · 새로운 아이디어로 특허 출원이 가능하다.
약점(M)	· 제작이 어렵고 제작비용이 많이 든다. · 오뚝이 원리를 이용하려면 무거운 추가 들어가야 해서 샤워기가 무거워진다.
흥미로운 점(I)	· 과학적 원리를 부여하여 만들 수 있어 흥미롭다. · 기존의 샤워기를 활용하면 비용을 절감할 수 있다.

다음 설명서는 PMI 기법을 활용해 얻은 아이디어로 만든 발명품으로, 전국발명대회에 나가기 위해 작성한 설명표다.

오뚝이 샤워기

01_ 제작 동기

손빨래를 하려면 대야에 물을 받아 세제를 풀고 세탁물을 담갔다
가 빨래를 해야 하는데, 이때 샤워기를 틀어 놓으면 샤워기가 어느
새 위를 향해 뒤집어져 물이 절반이나 대야 밖으로 흘러내리는
등 불편한 점이 많아서 이 발명품을 만들게 되었다.

02_ 작품 요약

샤워기의 헤드에 오뚝이를 결합하여 어디서든 늘 샤워기의 방향
이 아래로 향하도록 하여 물의 낭비를 막는 발명품이다.

03_ 작품 내용

1. 샤워기의 헤드를 둥글게 만든다.
2. 샤워기의 헤드에 오뚝이 장치를 설치한다.
3. 샤워기의 헤드가 항상 아래쪽을 향하도록 만든다.

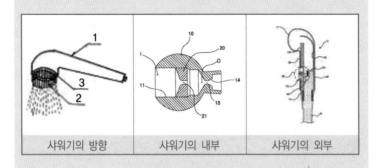

샤워기의 방향	샤워기의 내부	샤워기의 외부

04_ 제작 결과

1. 샤워기의 헤드가 항상 아래쪽을 향하게 하여 물의 낭비를 막을 수 있다.

2. 샤워기의 헤드가 항상 아래쪽을 향하므로 물이 사람에게 튀는 일이 없다.

3. 샤워기의 헤드가 항상 아래쪽을 향하므로 물을 틀어놓고 다른 일을 할 수 있어 손빨래 시간이 절약된다.

※ 기존 발명품과 본 발명품의 비교

구 분	본 발명품
경제성	물의 낭비를 막을 수 있는 경제적인 발명품이다.
창의성	더하기 기법을 이용하여 오뚝이와 샤워기를 결합한 새로운 발명품이다.
실용성	샤워기를 사용할 때, 특히 손빨래를 할 때 효율적인 발명품이다.

SWOT 분석

정의   SWOT 모형은 기업 내부(조직, 팀, 개인의 역량)의 강점과 약점 그리고 외부 환경요인인 기회, 위협 요인을 분석·평가하고 이들을 연관시켜 전략을 개발하는 툴(TOOL)이다.

해설   SWOT는 강점(strength), 약점(weakness), 기회(opportunity), 위협(threat)의 머리글자다.

SWOT 분석은 대체적인 그림, 즉 전략의 방향만 잡을 뿐 구체적인 전술은 제시하지 않는다.

외부환경 내부역량	기회(O)	위협(T)
강점 (S)	[SO 전략] 공격적 전략: 내부역량의 강점과 외부환경 기회 요인을 극대화한다.	[ST 전략] 다각화 전략: 약점 보완. 내부 강점을 극대화하여 외부 위협을 최소화한다.
약점 (W)	[WO 전략] 국면 전환 전략: 위협 상황 해소 내부 약점을 강점으로 전환하기 위해 외부환경을 이용한다.	[WT 전략] 방어적 전략: 한 발 물러서기. 내부 약점과 외부환경 위협을 최소화한다. 창업 재설계

✅ SWOT에 관한 핵심 질문

① 강점과 약점: 무엇을 할 수 있는가?

② 기회와 위협: 무엇을 해야 될 것인가?

③ 외부에서는 우리에게 무엇을 기대하는가?

④ 우리가 키워야 할 내부역량은 무엇인가?

⑤ 우리는 무엇을 조심해야 하는가?

⑥ 어떻게 많은 공감대를 이끌어낼 것인가?

SWOT 분석 내용 예시

내부역량 \ 외부환경	기회(O)	위협(T)
	· 교육 훈련 · R&D 투자 · 경영자의 혁신성	· 인력 확보 · 마케팅 · 재무구조 능력
강점 (S) · 규제 완화 · 인접 국가의 성장 · 글로벌화	· 공격적 전략이 도출 · 핵심역량 강화 · 인접국가 시장 거점 확보 · R&D 유망산업 진출	· 신제품 개발 전략 · 전문 우수 인력 확보 · 마케팅 능력 강화 · 글로벌 시장 개척
약점 (W) · 무한경쟁 진입 · 환경규제 심화 · 소비자 욕구 다양화 · 경험 부족	· 전략적 제휴 강화 · 틈새시장 개발 · 자체기술 개발 강화 · 친환경형 사업 진출 · 충분한 사전 교육	· 경영 혁신 · 품질 경영 강화 · 수익성 증대 · 운영 효율성 제고 · 창업 재설계

운.영.사.례.

TRIZ

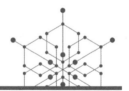

TRIZ(Teoriya Reshniya Izobretatelskikh Zadatch)는 '창의 적 문제 해결' 이론으로, 창의력을 실무에 접목시키는 방법 론이자 프로세스다. TRIZ는 기존의 시스템이 지닌 기술적인 문제나 새로운 아이디어를 구현하는 과정에서 발생하는 과학 기술 분야의 문제를 창의적으로 해결하는 데 유용한 체계적인 문제 해결 기법이다.

TRIZ는 시행착오를 최소화하는 최적의 아이디어를 내기 위 해 문제의 모순을 제거하는 모델링으로 가장 좋은 해결 방법 을 추출하는 기법이다. 또 실무에서도 창의력을 배가하는 창조적 기 법이다.

TRIZ는 러시아 과학자 알트슐러(G. S. Altshuller)가 1946년 소련의 우수한 특허와 기술혁신 사례들을 분석하여 찾아낸 창의적 발명 원 리를 체계적으로 제시한 것이다.

✅ 알트슐러 TRIZ의 문제 해결 과정

문제 발생	▶	문제 해결 방법 검색	▶	문제 해결 원리 적용	▶	문제 해결 새로운 발견

✅ TRIZ의 40가지 원리

1	분할	11	사전 보상	21	고속 처리	31	다공질 재료
2	추출	12	높이 맞추기	22	전화위복	32	색깔 변경
3	국소적 성질	13	반대로 하기	23	피드백	33	동질성
4	대칭 변환	14	구형화	24	매개체	34	폐기 혹은 재생
5	통합	15	역동성	25	셀프 서비스	35	속성 변환
6	다용도	16	과부족 조치	26	복제	36	상전이
7	포개기	17	차원 변경	27	일회용품	37	열팽창
8	평형추	18	기계적 진동	28	기계적 시스템 대체	38	활성화
9	선행 반대 조치	19	주기적 작동	29	공기 유압 활용	39	비활성화
10	선행 조치	20	유익한 작용 지속	30	얇은 막	40	복합 재료

TRIZ의 문제 해결은 모순의 문제를 해결하는 과정이다. 모순에는 행정적 모순과 기술적 모순 그리고 물리적 모순이 있다.

구 분	설 명	사 례
행정적 모순	바람직하지 못한 상황을 피하고 가시적인 결과를 만들어 내기 위해 무엇인가 필요하지만, 그 결과를 얻는 방법이 알려져 있지 않다.	생산성을 향상시키고 원가를 절감하고자 한다면 이를 위해 무엇인가가 필요하다는 것을 알지만 해답을 찾기 위한 방향을 알 수 없다.
기술적 모순	시스템의 하위 시스템 두 개가 서로 상충할 때 발생한다.	비행기는 가벼워야 잘 나는데 사람을 많이 실으려면 커야 하고 큰 것을 뜨게 하려면 무거운 엔진이 필요하다.
물리적 모순	하위 시스템의 물리적 조건에 대한 요구 사항에 일관성이 없는 경우를 말한다.	면도날은 수염을 잘 자르기 위해 날카로워야 하며 동시에 피부 손상을 방지하기 위해서는 무뎌야 한다.

우리가 신고 다니는 운동화의 기술적 모순을 TRIZ의 분리의 법칙을 이용하여 분리형 신발을 만들어 '대한민국 학생 발명전'에 출품하여 금상을 받은 작품이다.

구 분	기술적 모순
설 명	시스템의 하위 시스템 두 개가 서로 상충할 때 발생한다.
사 례	운동화는 발이 편하고 냄새가 나지 않도록 하려면 공기가 잘 통하게 만들어야 한다. 그러면서 비오는 날에 신고 다녀도 물이 들어오지 않게 만들어야 한다.
해결 방안	운동화의 겉(가피)과 바닥(샌들)을 분리하여 비오는 날에는 바닥(샌들)만을 신을 수 있게 했고 운동장에서는 가피를 씌워 운동화로 신을 수 있게 했다.

비오는날도 걱정 없는 **분리형 신발**

01_제작 동기

비가 자주 내리는 장마철이면 신발이 물에 젖어 마를 새가 없어 냄새가 심하게 나는 불편을 경험하게 되어 해결책을 모색하다 이 발명품을 만들게 되었다.

02_작품 요약

신발 속에 샌들이 들어 있고 샌들의 밑창 부분에 벨크로(velcro)로 신발을 덮을 수 있도록 하여 상황에 따라 운동화나 샌들로 사용할 수 있는 발명품이다.

03_작품 내용

1. 신발의 밑창 부분에 벨크로를 단다.

2. 신발의 윗덮개 부분을 제거한 후 벨크로를 단다.
3. 필요에 따라 신발의 윗덮개를 샌들에 붙이면 운동화, 떼면 샌들
   이 되도록 설치한다.

| 운동화 속 샌들 | 운동화의 분리 | 분리 후의 샌들 |

04_제작 결과

1. 비가 오거나 여러 가지 환경에 따라 내 마음대로 신발을 변형하
   여 신을 수 있다.
2. 신발의 속 부분을 햇볕에 말릴 수 있어 발 냄새 걱정이 없다.
3. 상황에 따라 신발을 바꾸어 신을 수 있어 효율적이다.
4. 여름과 겨울에도 신발 한 켤레로 모든 활동이 가능하다.

※ 기존 발명품과 본 발명품의 비교

구 분	기존 제품	본 발명품
경제성		물의 낭비를 막을 수 있는 경제적인 발명품이다.
창의성		더하기 기법을 이용하여 오뚝이와 샤워기를 결합한 새로운 발명품이다.
실용성		샤워기를 사용할 때, 특히 손빨래를 할 때 효율적인 발명품이다.

알트슐러의 인생 역전 이야기

알트슐러(G .S. Altshuller)는 1926년 러시아 출생으로, 13세 때 특허를 취득했다. 1946년 해군에 입대하여 특허 심사 업무에 종사했다. 그 무렵 선박, 잠수정, 함포 수리 과정에서 문제 해결의 공통점을 발견하고 러시아 정부에 문제를 해결을 건의했다. 그러나 정부가 건의를 묵살하자 러시아 정부의 무능과 스탈린의 실정을 비판하는 편지를 소비에트 연방정부에 보낸다. 그러자 연방정부는 알트슐러를 체포하여 시베리아 정치범 수용소에 수감한다.

알트슐러는 그 상황을 오히려 자신에게 유리하게 작용시킬 수 있는 방법을 궁리한다. 알트슐러는 수감자들을 만나면서 다양한 분야의 석학들이 대거 수감되어 있다는 사실을 알고 수용소에 있는 동안 공부할 계획을 세운다. 그는 수십 명의 석학들에게 (사뭇 진지하게) 교수 임용증서를 만들어 수여하고 가르침을 요청했다. 마침 무료한데다가 자신의 존재가치를 표출하고 싶어 하던 석학들은 그의 요청을 기꺼이 받아들였다. 이리하여 알트슐러는 과학, 예술, 문학, 인문 등 다양한 분야의 석학들 수십 명에게 특별 교습을 받게 된다.

1954년 스탈린이 사망한 후 수용소에서 풀려난 알트슐러는 그 후 10년 동안 러시아의 특허 40만 건을 분석하고 연구한 끝에 TRIZ 기법을 만든다. 1998년 미국으로 건너간 이 기법은 미국 TRIZ 협회가 생기면서 전 세계로 보급된다. 그 즈음(1998년 6월) 알트슐러는 72세로 세상을 떠났다.

글_전인기

TRIZ

자료 출처 및 참고문헌

▌기술발명

9쪽 사진(시계+수박): https://www.google.co.kr/?gfe_rd=cr&ei=tQEUWNm2J ajf8Aei1KrgBg#q= %EA%B0% 95%EC%A0%9C%EA%B2%B0%ED%9 5%A9%EB%B2%95

9쪽 사진(햄+라면): https://www.google.co.kr/search?q=%EA%B0%95%E C%A0%9C%EA%B2% B0%ED% 95%A9%EB%B2%95&biw=816&bih=5 68&source=lnms&tbm=isch&sa=X&sqi=2&ved=0ahUKEwjs-9aZ-_7P AhUDXLwKHcfFATMQ_AUIBigB#imgrc=l7y1h9lzdGeOLM%3A

23쪽 사진: http://img.xeno.work/0/58/5884/5884190.jpg

42쪽 사진(양면 의자): http://image.made-in-china.com/43f34j00DNAaFmUZlkE/Cus tom -Made-Booth -Seating-Sofa-for-Bar-Club-Banquet-Dining-Resta urant-Furniture.jpg

66쪽 사진; 67쪽 사진; 68쪽 사진(위): http://cos2.tistory.com/852[클래스 메 타패러다임]

80쪽 사진(왼쪽): http://image.bb.co.kr/13/12/30/3528234.jpg

80쪽 사진(오른쪽): http://dn-l1-story.kakao.co.kr/dn/dpT5Kr/hyd47cJ1z7 / EUyfrMn5MhX9EQ1RKbaG10 /img_l.jpg?width=993&height=664

111쪽 내용(속성 열거법의 이해): 박영택(2000), 『공공행정부문 Single PPM 품질혁신』, Single PPM 품질혁신추진본부.

119쪽 그림: http://pds.joins.com/news/component/htmlphoto_mmdata/200 612 /htm_20061204155351l 000l800-003.JPG

131쪽 사진(왼쪽): http://cfs6.tistory.com/upload_control/download.blog?fhan dle=YmxvZzEzNjlxOUBmcz YudGlzdG9yeS5jb206L2F0dGFjaC8wLzA3MD AwMDAwMDAwMy5qcGc%3D

131쪽 사진(오른쪽): http://www.bigcamp.co.kr/shopimages/bigcamper/021 0010000062.jpg

133쪽 내용: http://news.chosun.com/site/data/html_dir/2016/04/19 /2016 041902494.html

149쪽 사진(왼쪽): http://cfile4.uf.tistory.com/image/1314DB3E505F33352C 590F

149쪽 사진(오른쪽): http://gdimg.gmarket.co.kr/goods_image2/shop_img /6 54/691/654691506.jpg

158쪽 사진(왼쪽): http://www.ggilbo.com/news/photo/201304/125193_90023_3 315.jpg

158쪽 사진(오른쪽): http://blog.naver.com/dkleeee/220780316212

168쪽 사진(아래): http://blog.naver.com/35mmslr?Redirect=Log&logNo=130168538775

181쪽 그림(위): http://cafe.naver.com/peneschool/6482

181쪽 그림(아래): http://news.naver.com/main/read.nhn?mode=LSD&mid=sec&sid1=102&oid=003&aid=0003426434

184쪽 사진: http://blog.naver.com/kbchgds?Redirect=Log&logNo=130183420140

195쪽 사진: http://cfile235.uf.daum.net/image/194C93154C64C74952977B

206쪽 사진(왼쪽): http://cfile10.uf.tistory.com/image/1860284B50C58622028258

206쪽 사진(오른쪽): http://cfile4.uf.tistory.com/image/14567A3E517D02F205B975

215쪽 내용(기업에서 활용한 예): http://www.centerworld.com/acad/ytpark/image/28-2.gif

223쪽 사진(구글 안경): http://cfile3.uf.tistory.com/image/275BE94552CA83D7145F77

225쪽 사진(에드워드 드 보노): http://egloos.zum.com/hwangkiha/v/1014291

232쪽 내용(TRIZ): 미래교육과 교육정책 연구 참조

정보 탐색의 아쉬움을 해결해주는 친절함

이종호
(한국과학저술인협회 회장)

한국인이 책을 너무 읽지 않는다는 것은 꽤 오래된 진단이지만 근래 들어 부쩍 더 심해진성습니다. 전철이나 버스에서 스마트폰으로 다들 카톡이나 게임을 하지 책을 읽는 사람은 거의 없습니다. 과학 분야 책은 말할 것도 없겠지요. 과학 분야의 골치 아픈 개념들을 굳이 책을 보고 이해할 필요가 뭐란 말인가, 필요할 때 인터넷에 단어만 입력하면 웬만한 자료는 간단히 얻을 수 있는데……다들 이런 생각입니다. 그러니 내로라하는 대형 서점들의 판매대도 갈수록 좁아들어 겨우 명맥만 유지하고 있는 것이겠지요.

이런 현실에서 과목명만 들어도 골치 아파 할 기술발명, 물리, 생명과학, 수학, 지구과학, 정보, 화학 등 과학 분야만 아울러 7권의 '친절한 과학사전' 편찬을 기획하고서 저술위원회 참여를 의뢰해왔을 때 다소 충격을 받았습니다. 이런 시도들이 무수히 실패로 끝나고 만 시장 상황에서 첩첩한 현실적 어려움을 어찌 이겨 내려는가, 하는 염려가 앞섰습니다.

그러나 그간의 실패는 독자의 눈높이에 제대로 맞추지 못한 탓도 다분한 것이어서 '친절한 과학사전'은 바로 그 점에서 그간의 아쉬움을 말끔히 씻어줄 것으로 기대됩니다. 또 우리 학생들이 인터넷에서 필요한 정보를 검색했을 때 질적으로 부실한 자료에 대한 실망감을 '친절한 과학사전'이 채워줄 것으로 믿습니다. 오랜 가뭄 끝의 단비 같은 사전이 출간된 기쁨을 독자 여러분과 함께 나눌 수 있기를 바랍니다.

제4차 산업혁명의 동반자 탄생

왕연중
(한국발명문화교육연구소 소장)

오랜만에 과학 및 발명의 길을 함께 갈 동반자를 만난 기분이었습니다. 생활을 함께할 동반자로도 손색이 없을 것 같았지요. 생활이 곧 과학이기 때문입니다.

40여 년을 과학 및 발명과 함께 살아온 저는 숱한 과학용어를 접했습니다. 특히 글을 쓰고 교육을 할 때는 좀 더 정확한 용어의 선택과 누구나 쉽게 이해할 수 있는 해설이 필요했습니다. 그때마다 자료가 부족하여 무척 힘들었지요. 문과 출신으로 이과 계통에서 일하다보니 더 힘들었고. 지금도 마찬가지입니다.

바로 이때 '친절한 과학사전' 편찬에 참여하여 감수까지 맡게 되었습니다. 원고를 읽는 순간 저자이기도 한 선생님들이 교육현장에서 학생들에게 과학을 가르치는 생생한 육성을 듣는 기분이었습니다. 신선한 충격이었지요.

40여 년을 과학 및 발명과 함께 살아왔지만 솔직히 기술발명을 제외한 다른 분야는 비전문가입니다. 따라서 그동안 느꼈던 과학 용어에 대한 갈증을 해소시켜주는 청량음료를 만난 기분이었습니다.

그동안 어렵게만 느껴졌던 과학용어가 일상용어처럼 느껴지는 계기를 마련할 것으로 믿으며, '제4차 산업혁명의 동반자 탄생'으로 결론을 맺습니다.

'친절한 과학사전'이 누구보다 선생님들과 학생들이 과학과 절친한 친구가 되는 역할을 하기를 기대합니다.

누구나 쉽게 과학을 이해하는 길잡이

강충인
(한국STEAM교육협회장)

일반적으로 과학이라고 하면 복잡하고 어려운 전문 분야라는 인식을 가지고 있습니다. 그러나 '친절한 과학사전'은 과학을 쉽게 이해하도록 만든 생활과학 이야기라고 할 수 있습니다. 과학은 생활 전반에 응용되어 편리하고 다양한 기능을 가진 가전제품을 비롯한 생활환경을 꾸며주고 있습니다.

지구가 어떻게 생겨나 어떻게 변화해오고 있는지를 다룬 것이 지구과학이고, 인간의 건강과 생명은 어떻게 구성되어 있고 관리해야 하는가는 생명과학에서 다루고 있습니다.

수학은 생활 속의 집 구조를 비롯하여 모든 형태나 구성요소를 풀어가는 방법입니다. 과학적으로 관찰하고 수학적으로 분석하여 새로운 것을 만들거나 기존의 불편함을 해결하는 발명으로 생활은 갈수록 편리해지고 있습니다.

수많은 물질의 변화를 찾아내는 화학은 물질의 성질에 따라 문제를 해결하는 방법입니다. 물리는 자연의 물리적 성질과 현상, 구조 등을 연구하고 물질들 사이의 관계와 법칙을 밝히는 분야로 인류의 미래를 위한 분야입니다. 4차 산업혁명시대에 정보는 경쟁력입니다. 교육은 생활 전반에 필요한 지식과 정보를 습득하는 필수 과정입니다.

'친절한 과학사전'은 학생들이 과학 지식과 정보를 쉽고 재미있게 배우는 정보 마당입니다. 누구나 쉽게 과학을 이해하는 길잡이이기도 합니다.

친절한 과학사전 - 기술발명

ⓒ 전인기, 2017

초판 1쇄 2017년 9월 28일 펴냄
초판 2쇄 2018년 5월 30일 펴냄

지은이 | 전인기
펴낸이 | 이태준
기획·편집 | 박상문, 박효주, 김예진, 김환표
디자인 | 최원영
관리 | 최수향
인쇄·제본 | 제일프린테크

펴낸곳 | 북카라반
출판등록 | 제17-332호 2002년 10월 18일
주소 | (121-839) 서울시 마포구 서교동 392-4 삼양E&R빌딩 2층
전화 | 02-486-0385
팩스 | 02-474-1413
www.inmul.co.kr | cntbooks@gmail.com

ISBN 979-11-6005-036-3   04400
      979-11-6005-035-6   (세트)

값 10,000원

이 도서의 국립중앙도서관 출판시도서목록(CIP)은 서지정보유통지원시스템
홈페이지(http://seoji.nl.go.kr)와 국가자료공동목록시스템(http://www.nl.go.kr/kolisnet)에서
이용하실 수 있습니다. (CIP제어번호 : CIP 2017023937)